高等院校数字艺术精品课程系列教材

After Effects
数字影视合成

项目式全彩慕课版

陈奕 蒋玲 主编 / 王文星 叶青 副主编

U0382416

人民邮电出版社

北京

图书在版编目（CIP）数据

After Effects数字影视合成：项目式全彩慕课版 /
陈奕，蒋玲主编. -- 北京：人民邮电出版社，2023.5（2024.6重印）
高等院校数字艺术精品课程系列教材
ISBN 978-7-115-61374-5

Ⅰ．①A… Ⅱ．①陈… ②蒋… Ⅲ．①图像处理软件—
高等学校—教材 Ⅳ．①TP391.413

中国国家版本馆CIP数据核字（2023）第047149号

内 容 提 要

　　本书从影视创作和实际应用的角度出发，以通俗易懂的语言文字，循序渐进地讲解 After Effects 在影视合成方面的基本知识与核心功能，包括影视特效制作基础知识、图层的变换属性动画、形状绘制工具与轨道遮罩、千变万化的形状动画、生动有趣的文字变化效果、三维空间的运用、抠像与跟踪技术、影视后期特效制作核心工具。书中案例大多来自影像科技公司的真实商业项目，紧跟行业流行趋势，有利于提升读者的学习兴趣、实际应用能力和创作水平。

　　本书适合作为各类院校数字媒体艺术、数字媒体技术、动漫制作等影视传媒类专业以及培训机构的教材，也适合作为影视制作爱好者的参考书。

◆ 主　　编　陈　奕　蒋　玲
　　副主编　王文星　叶　青
　　责任编辑　马　媛
　　责任印制　王　郁　焦志炜

◆ 人民邮电出版社出版发行　　北京市丰台区成寿寺路 11 号
　　邮编　100164　电子邮件　315@ptpress.com.cn
　　网址　https://www.ptpress.com.cn
　　天津市银博印刷集团有限公司印刷

◆ 开本：787×1092　1/16
　　印张：11.5　　　　　　　　2023 年 5 月第 1 版
　　字数：288 千字　　　　　　2024 年 6 月天津第 3 次印刷

定价：69.80 元

读者服务热线：(010)81055256　印装质量热线：(010)81055316
反盗版热线：(010)81055315
广告经营许可证：京东市监广登字 20170147 号

随着计算机技术和数字影视制作技术的快速发展，数字特效在影视创作中出现的次数越来越多，数字特效技术越来越受到影视制作行业的关注。After Effects 作为一款专业的数字影视特效制作软件，能够高效且精确地创建出精彩绝伦的视觉效果，被广泛应用于电视栏目包装、影视后期处理、网络动画制作等诸多领域。为深入贯彻落实《国家职业教育改革实施方案》和《关于推进 1+X 证书制度试点工作的指导意见》等相关文件精神，浙江传媒学院电影学院的陈奕组织编写了本教材。

本书编写团队全面学习了党的二十大精神，全面贯彻党的教育方针，落实立德树人根本任务，旨在提升专业人才职业素养的养成，切实提高数字媒体、艺术设计人才的质量。

本书在内容编写方面，力求细致全面、重点突出。本书共有 8 个项目。第 1 个项目为认识基本概念——影视特效制作基础知识，主要介绍影视特效的基础知识及 After Effects 影视特效制作流程；第 2 个项目至第 8 个项目通过多个案例，详细讲解影视特效制作中的图层的变换属性动画、形状绘制工具与轨道遮罩、千变万化的形状动画、生动有趣的文字变化效果、三维空间的运用、抠像与跟踪技术、影视后期特效制作核心工具等内容。

本书结构清晰，案例丰富。

❶ 各项目的开头安排了"情景引入"和"学习目标"，对各项目需要掌握的学习要点与技能进行提示，帮助读者厘清学习脉络，抓住重点与难点。

❷ 正文部分通过"相关知识"讲解主要知识点，并对数字影视制作工作流程中的每一项技能进行讲解。

❸ 每个项目的"相关知识"之后是"项目实施"，通过对典型案例进行拆解，详细介绍案例的操作步骤，帮助读者强化知识体系，领会设计意图，增强实战能力。

❹ 每个项目的最后安排了"项目扩展"，帮助读者巩固所学知识，拓展 After Effects 的应用能力，进一步掌握符合实际工作需要的影视制作技术。

本书提供了立体化的教学资源，以及所有"项目实施"和"项目扩展"中案例的原始素材和源文件，并提供高质量教学视频、精美教学课件和教案等教学文件。对于操作性较强的知识和实践案例，读者可以通过观看教学视频来强化学习效果。

本书由浙江传媒学院电影学院的陈奕、湖南艺术职业学院的蒋玲任主编，烟台文化旅游职业学院的王文星、潍坊工程职业学院的叶青任副主编。

在编写本书的过程中，我们力求精益求精，但难免存在疏漏之处，敬请广大读者批评指正。

编　者
2023 年 1 月

项目 3　认识蒙版与遮罩——形状绘制工具与轨道遮罩

项目 4　认识形状图层——千变万化的形状动画

项目 7　认识抠像——抠像与跟踪技术

项目 8　认识效果控件——影视后期特效制作核心工具

认识基本概念——
影视特效制作基础知识

情景引入

　　我们平时在观看影视作品时，经常会看到一些在现实生活中无法见到的画面，比如弹指一挥间的时空变化，比如马踏飞燕般的轻功，再比如化水为剑的功法等。这些在现实生活中根本没有见到过的"超能力"，真的是演员演绎出来的吗？通过学习本项目，你会了解影视作品中那些匪夷所思的画面是如何被"创造"出来的，如图 1-1 所示。

图 1-1

　　本项目主要介绍影视特效制作的基础知识。通过本项目的学习，读者可以对影视特效制作的流程和 After Effects 的基本功能有一个大体的了解，以便在之后项目的学习中，对 After Effects 的功能和知识点有更加深入的理解和运用。

学习目标

知识目标

- 了解影视特效的发展与应用领域。
- 熟悉 After Effects 主要面板的作用。
- 掌握 After Effects 的基本操作。

技能目标

- 学会使用 After Effects 导入素材并创建合成。
- 学会使用"时间轴"面板对图层进行基本编辑。
- 学会使用"合成"面板预览合成的动画效果。
- 学会使用"渲染队列"面板设置输出模块并输出视频。

素养目标

- 培养读者规范整理项目文件的习惯。
- 培养读者举一反三的学习能力。

扫码观看思维导图

扫码观看视频

相关知识

1.1 影视特效概述

　　影视作品是时间与空间艺术的表现，影视作品中人工制造出来的"假象"与"幻觉"等效果被称为影视特效。影视特效主要有创立视觉元素、处理画面、创建特殊效果和连接镜头的作用，可以结合拍摄的画面融入更多新的制作技术，或创作出利用特效才能实现的画面语言和叙事风格。影视特效包含实景特效、化妆特效、合成特效、三维特效等内容。影视作品的制作者利用影视特效，可以减少制作成本，避免让演员在实际拍摄中处于危险的境地，如图 1-2 所示，也能够营造某种氛围，编织出梦幻般的画面，如图 1-3 所示。

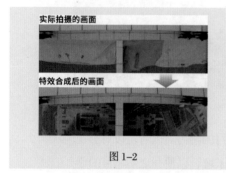

图 1-2　　　　　　　　　　　　　　　　　　　　图 1-3

　　近年来，影视特效的发展迅速且多元化，所以了解影视特效的发展与应用领域，是学好影视特效制作技术知识的重要前提。

1.1.1 影视特效的发展与应用领域

　　作为影视作品中不可或缺的元素之一，影视特效对观众有着极强的吸引力。如今，在计算机技术与应用的支持下，影视特效制作者实现了早期影视作品制作者难以完成甚至不敢想象的特效画面，使影视特效的应用领域更为广泛。那么，影视特效经历了怎样的发展？如今的影视特效又应用于哪些领域？下面进行介绍。

1. 影视特效的发展

　　早期的影视特效依赖于传统的实景特效与化妆特效等手段，例如 20 世纪 80 年代电视剧《西游记》中孙悟空与猪八戒的造型，就是通过对演员进行特效化妆来表现角色的外观形象的，如图 1-4 所示。而天宫的场景，则通过建造一些类似天宫的建筑，放入大量烟雾作为实景特效等手段，营造出天宫云雾缭绕的情景，如图 1-5 所示。

图 1-4　　　　　　　　　　　　　　　　　　　　图 1-5

2

随着计算机技术的发展，影视特效将计算机技术与传统影视创作结合起来，使得影视特效制作的速度及质量都有了巨大的进步，并为创作者提供了无限的想象空间，把创作者的思想从技术的束缚中解放了出来。在观众视觉感官需求日益增加的今天，影视特效的应用早已屡见不鲜：可以实现在现实中难以拍摄或拍摄成本过高的画面，如破碎、爆炸、恶劣天气、四季变换等；创造出原本没有的生物、景观，实现科幻、魔幻等效果；还能复原庞大的古代建筑，甚至能让现代人"穿梭时空"，与历史人物对话等。许多电影通过影视特效创造出观众在现实中没有见过的场景与人物，让观众在影视世界中畅游，如图 1-6 所示。

图 1-6

而作为电影创作的手段之一，影视特效的创作也遵循艺术创作的基本原则：真实性。影视特效创作的真实性主要包含两大方面：元素与运动规律。

（1）元素。"人景物声光色"是视听语言最重要的元素，是构成画面的主要成分，影视特效创作的基本作用是复原这些元素间的整体关系，例如结合所处场景的环境光线情况，将这些元素的影调、色彩、质感等特性进行匹配，以达到逼真的效果。如果处理不够细致或不得当，则会让观众察觉到影视作品中特效合成的痕迹，从而影响观感。

（2）运动规律。运动规律包括物体运动规律与摄像机运动规律，合理的运动规律在人的视觉习惯的基础上有一定的拓展。即便是艺术加工，也要考虑观众的感受。如果随心所欲地让物体或摄像机运动，很可能会改变观众认识到的事物的整体关系，为其带来形式脱离内容的不真实感。

2. 影视特效的应用领域

如今，影视特效最常见的应用领域为：影视剧、电视栏目、三维动画以及影视广告。

（1）影视剧。影视特效使影视剧的内容呈现出更为生动的艺术动态，并通过创意、动画制作、后期合成等多个环节来强化和丰富影视艺术的视觉变化与表现手法。在影视剧中，影视特效制作主要包含动态跟踪、抠像、擦除、合成、影像转换、动作变形、虚拟形象与环境创设等过程。图 1-7 所示的 4 张图从左至右、从上至下分别为实际拍摄画面、主元素合成示意画面、绿幕抠像画面和最终合成画面。

图 1-7

（2）电视栏目。随着频道专业化与元素个性化的进一步发展，如今的电视栏目基本告别了纯粹的、传统的拍摄剪辑方式，而是结合影视特效来制作，在片头包装、字幕、片花、定版 LOGO、导视系统中都能看到互动性、趣味性较强的影视特效元素，如图 1-8 所示。

图 1-8

（3）三维动画。将影视特效应用到动画中是动画产业的一次革命，其效果与效率都是传统手绘的逐帧动画无法比的。影视特效提供了一种全新的视觉艺术感受，使动画达到了更高层次的艺术境界，如图 1-9 所示。

图 1-9

（4）影视广告。影视特效广泛地应用于影视广告领域。用户可以结合广告创意充分发挥软件所提供的强大功能，在特效技术的保证和支持下，创意不再受传统拍摄设备和技术难以满足观众视觉需求的限制，如图 1-10 所示。

图 1-10

利用计算机技术制作影视特效，除了需要相关的硬件支持外，还需要借助专业的影视特效制作软件进行设计、制作与影片的输出，例如被广泛使用的 After Effects 这一影视特效制作软件。

1.1.2 影视特效制作软件 After Effects 概述

After Effects 是 Adobe 公司旗下的一款图形图像视频处理软件，能够帮助用户高效、精确地创建引人注目的动态特效，并且可以与众多 2D 和 3D 软件进行无缝衔接，适用于电视栏目包装、影视广告制作、三维动画合成以及影视剧特效合成等领域，是影视制作行业中不可缺少的一个重要工具。

在本书中，我们将围绕 After Effects 的基础知识与常用功能，通过大量的项目案例，系统地讲解 After Effects。本书所有的案例都基于 Windows 10 64 位操作系统中的 After Effects CC 2021 中文版来实现。图 1-11 所示是 After Effects CC 2021（后文简称 After Effects）正在打开时的界面。

图 1-11

初次启动 After Effects，显示的是"默认"工作界面，这个工作界面包括菜单栏、工具栏、工作区域预设栏、"项目"面板、"合成"面板、"时间轴"面板等，如图 1-12 所示。用户可以根据不同的工作需求，从工具栏右侧的工作区域预设栏中选择预先定义好的工作区域预设，也可以自行设置工作界面。

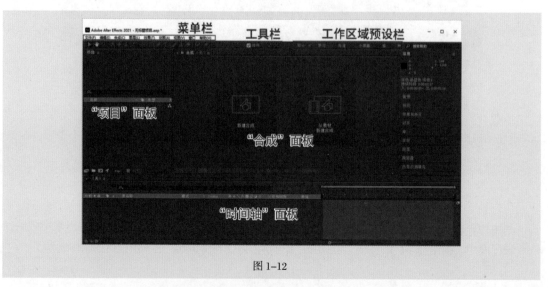

图 1-12

1．菜单栏

After Effects 菜单栏中有"文件""编辑""合成""图层""效果""动画""视图""窗口""帮助"共 9 个菜单，如图 1-13 所示。

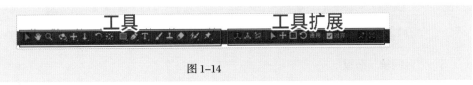

图 1-13

"文件"菜单：包含打开项目、导入素材等针对项目文件、素材的基本命令。

"编辑"菜单：包含复制、粘贴、撤销、重做等常用的编辑命令。

"合成"菜单：包含新建合成、合成设置等针对合成的基本命令。

"图层"菜单：包含新建图层、图层设置等与图层相关的命令。

"效果"菜单：包含所有在特效制作过程中为图层添加的效果。

"动画"菜单：包含浏览预设、设定关键帧及关键帧属性等与动画相关的命令。

"视图"菜单：包含视图的放大、缩小，显示标尺，显示参考线等与视图显示相关的命令。

"窗口"菜单：包含切换工作区、打开或关闭浮动面板等与窗口布局相关的命令。

"帮助"菜单：包含浏览软件功能介绍、检查更新等与软件资讯相关的内容。

2．工具栏

工具栏位于菜单栏的下方，包括工具和工具扩展两大部分，不同类别的工具之间有浅灰色的分隔符，如图 1-14 所示。工具栏中的工具从左至右分别为："选取工具"、"手形工具"、"缩放工具"、"旋转镜头工具"、"移动镜头工具"、"推拉镜头工具"、"旋转工具"、"锚点工具"、"矩形工具"、"钢笔工具"、"横排文字工具"、"画笔工具"、"仿制图章工具"、"橡皮擦工具"、"Roto 笔刷工具"、"操控点工具"。选择不同的工具，工具栏右侧均会显示与之关联的工具扩展内容，工具扩展内容是根据选择的工具而定的。"工具扩展"的相关知识会在之后的内容中涉及。

工具 　　　　　　　　工具扩展

图 1-14

在工具栏中，工具图标右下角的小三角符号表示这是一个工具集合，在工具图标上单击并按住鼠标左键，即可展开该工具集合下的其他工具，如图 1-15 所示。

图 1-15

3．"项目"面板

"项目"面板主要用于管理素材与合成（如归类、删除等），在其中可以查看及更改每个合成或素材的尺寸、持续时间、帧速率、入点、出点等，如图 1-16 所示。

图 1-16

4．"合成"面板

"合成"面板用于预览制作效果，在其中可以设置标尺、网格、参考线、画面的显示质量和显示方式等，如图 1-17 所示。

图 1-17

5．"时间轴"面板

"时间轴"面板是对图层进行后期特效处理和动画制作的主要面板，"时间轴"面板中的素材以层级的形式纵向排列，在其中可以制作图层的关键帧动画、设置每个图层的入点与出点、设置图层之间的混合模式以及制作图层蒙版等，如图 1-18 所示。

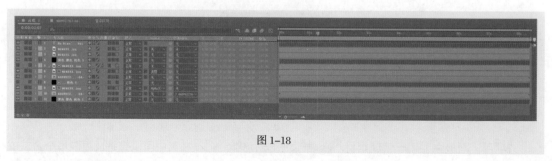

图 1-18

8

1.2　After Effects 影视特效制作流程

　　流程是指一个或一系列连续、有规律的行动，这些行动以确定的方式发生或执行，使特定的效果得以实现。影视特效的制作需要遵循一套合理的流程，以减少不必要的劳动，提升制作效率，降低制作成本。而影视特效制作属于影视制作中的重要阶段，要了解影视特效制作的流程，就要知道影视制作的基本流程。

1.2.1　影视制作的基本流程

　　一般来说，影视制作的大致流程是：写文案、收集素材、剪辑合成、输出影片，如图 1-19 所示。通过该图，我们可以了解到剪辑合成流程中包含了特效合成的工作，这表示影视特效制作属于影视制作的后期阶段。

写文案	收集素材	剪辑合成	输出影片
脚本大纲 拍摄方案 分镜脚本 周期计划 ……	拍摄素材 参考资料 音乐音效 整理素材 ……	视频剪辑 特效合成 音频合成 调色 ……	审片 修改 最终成片

图 1-19

　　（1）写文案：通过图文的形式，强化对影片内容的认识，梳理影视作品的制作流程，提高视频拍摄及影视制作的效率。

　　（2）收集素材：根据文案进行拍摄，并收集所需的视、音频素材等，这属于影视制作前期的"资产"准备环节。

　　（3）剪辑合成：这是影视制作的重要环节，根据文案与素材，使用相关软件进行剪辑、合成、调色等工作。

　　（4）输出影片：这是影视制作的最终环节，完成剪辑、合成、调色工作后，需要将影片输出为视频，并根据审片建议进行修改，以得到最终成片。

　　作为影视特效制作人员，无论是制作简单的字幕动画，还是制作复杂的运动图形或合成真实的视觉效果，在使用 After Effects 的过程中都需要遵循该软件的常规工作流程，如图 1-20 所示。

图 1-20

　　（1）导入与组织素材：制作影视特效时需要在 After Effects 中对素材进行加工，所以需要先将所需的素材导入 After Effects 中，并根据素材的类型与作用对它们进行分类和组织。

　　（2）创建合成：合成为重组、混合素材以及添加的各种效果提供了一个指定的环境，最终完成的特效视频的分辨率、时长、帧速率等属性均由合成的相关设置决定。

　　（3）添加、排列与组合图层：将素材添加到合成中后，罗列于"时间轴"面板中的这些素材被称为图层，图层的上下排列顺序及图层的组合方式会影响最终画面的显示效果。

（4）修改图层属性与制作动画：可根据特效制作需求，调整图层的大小、位置、角度等属性，以及制作关键帧动画。

（5）添加与修改效果：可为一个或多个图层添加所需的各种效果，并调整或修改这些效果的参数，以达到满足特效制作需求的目的。

（6）预览：在特效制作过程中，画面是静止不动的，完成某个或全部特效的制作工作后，可以通过预览来观看动态画面的实际效果。

（7）输出：在完成特效制作工作后，需要将合成输出为指定格式的视频或图片序列，以便使用视频播放器进行播放，或将输出文件用到剪辑等后续工作中。

1.2.2　素材的导入与管理

创建项目后，双击"项目"面板的空白区域，即可从资源管理器中导入素材；也可使用鼠标左键将素材拖曳至"项目"面板中；还可以在菜单栏中执行"文件 > 导入 > 文件"（组合键：Ctrl+I）命令，将所需文件导入"项目"面板中，如图 1-21 所示。

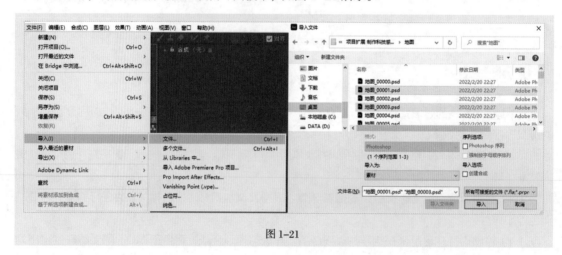

图 1-21

如果遇到部分视频素材在 After Effects 中无法解析的情况，则可以安装相应的编解码器来使 After Effects 支持该类素材。这是因为视频本身是通过编码和封装形成的，所以需要相应的解码器对视频进行解算。如果 After Effects 无法支持导入的文件的格式，则会弹出"After Effects 错误"的提示对话框，如图 1-22 所示。

视频编码格式来源于有关国际组织、民间组织和企业制定的视频编码标准。通过对视频进行编码，可以在视频清晰度有一定保证的前提下减少视频文件占用的存储空间。常见的视频编码格式有：MPEG、QuickTime、H.264、H.265 等，此外，还有一些中间编码格式，如 ProRes 编码格式，此类编码格式并非用于制作实际观看的视频，而是用于编辑影片。图 1-23 所示的是通过 PotPlayer 播放器查看视频播放信息的对话框，"Format"处显示该视频为"ProRes"编码格式。

承载视频编码数据的"容器"就是视频封装格式，一般来说，视频文件的扩展名就是视频封装格式。视频封装格式与视频编码格式有些是一致的，如 MPEG、WMV、RMVB 等格式，它们既是编码格式，也是封装格式；有些是不一致的，如 MKV 可容纳多种不同类型的视频编码，但其本身只是万能的视频封装格式。常见的视频封装格式有 FLV、MOV、MP4、AVI、WMV、TS、MKV 等，部分视频封装格式的视频文件如图 1-24 所示。

图 1-22

图 1-23

图 1-24

　　虽然 After Effects 的运行环境中已包含大多数常用的视频编解码器，但并不能为所有视频都提供很好的支持，所以需要安装更多的解码器进行补充，使播放器以及视频编辑类软件能够支持更多格式的视频。例如广为人知的"完美解码"视频编解码软件，如图 1-25 所示，它在被安装到 Windows 操作系统中后，可极大地扩展 After Effects 及其他软件对视频格式的支持。

　　在早期的 Windows 操作系统中，QuickTime 编解码器是 After Effects 必不可少的编解码工具，但 Windows 10 及之后版本的操作系统已包含对 QuickTime 编解码器的主要编解码格式的支持，所以不再需要额外安装 QuickTime 编解码器。Windows 7 64 位操作系统中的"关于 QuickTime" 提示对话框如图 1-26 所示。

图 1-25

图 1-26

After Effects 可自动解释许多常用媒体格式，在"项目"面板中选择某个素材，单击"项目"面板左下角的"解释素材"按钮，可以在打开的对话框中自定义素材的帧速率、开始时间码、像素长宽比和循环等属性，如图 1-27 所示。

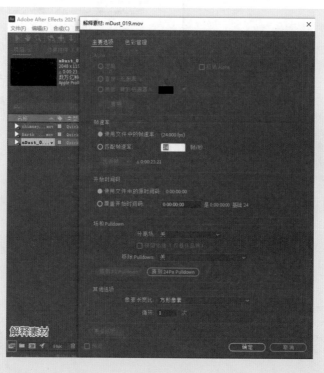

图 1-27

"解释素材"对话框的"主要选项"模块中包含了"Alpha""帧速率""开始时间码""场和 Pulldown""其他选项"5 个主要选项。其中，"Alpha"选项主要针对含有 Alpha 通道的视频或图片（包含图片序列）的通道设置，包括"忽略""直接 - 无遮罩""预乘 - 有彩色遮罩"3 种模式，如图 1-28 所示。

忽略：无Alpha通道。 直接-无遮罩：透明度信息只存储在 Alpha 通道中，而不存储在任何可见的颜色通道中。 预乘-有彩色遮罩：透明度信息既存储在Alpha通道中，也存储在可见的RGB通道中。

图 1-28

每秒播放的静态画面数量（静止帧数）就是视频的"帧速率"，通常用"帧 / 秒"表示。高帧速率可以得到流畅的画面，但帧速率越高意味着同一时长内的视频要存储更多的画面，视频文件的大小也会随之增加。在"解释素材"对话框中，如果修改了"匹配帧速率"单选项右侧的数值，则会改变素材的原始帧速率，并会改变素材的播放速度，如图 1-29 所示。

图 1-29

目前，国内大多数视频（PAL制式）的帧速率为 25 帧 / 秒，部分国家和地区的视频（NTSC 制式）的帧速率为 30 帧 / 秒，院线电影的帧速率为 24 帧 / 秒。在 After Effects 中创建合成时，可以在"合成设置"对话框中通过选择预设或自定义来设置合成的帧速率，如图 1-30 所示。

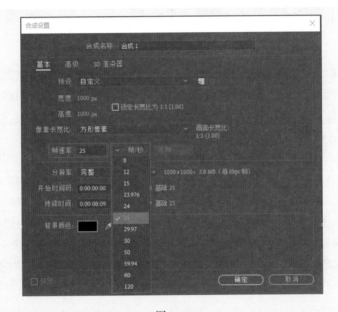

图 1-30

开始时间码是视频在时间线上的起始时间，通常为"0:00:00:00"，部分视频由于在输出时使用了非"0:00:00:00"的开始时间码，所以在导入 After Effects 后，该视频素材的开始时间码会被默认为源时间码。如果希望该视频素材的开始时间码为"0:00:00:00"，则可选择"覆盖开始时间码"单选项，并将时间码设置为"0:00:00:00"，或简单输入数值"0"，如图 1-31 所示。

图 1-31

在使用 After Effects 导入视频素材时，如果出现"解释素材"对话框的"场和 Pulldown"设置与视频文件的场不匹配的问题，那么视频素材的显示质量就会受到很大的影响，例如播放时会出现横纹或画面抖动等问题，如图 1-32 所示。遇到类似情况，就需要对视频素材的扫描格式进行匹配，如图 1-33 所示。

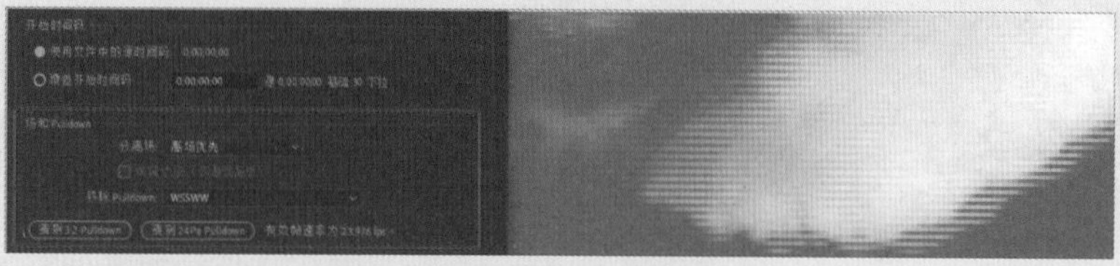

图 1-32

图 1-33

扫描格式是视频标准中最基本的参数，其工作过程为视频播放设备将接收到的信号转换为图像的扫描过程中，从图像第一行开始从左到右水平前进，第一行扫描结束后，扫描点会快速来到下一行左侧的起点处开始扫描，直至扫描完一个完整的图像，再返回到第一行起点处开始新一帧的扫描。行与行之间的返回过程称为"水平消隐"，扫描完一帧后开始新一帧扫描的时间间隔称为"垂直消隐"。

过去，由于受到电视广播技术的限制，需要通过"隔行扫描"的方式来解决图像传输与图像显示的问题，即采用"扫描帧的全部奇数场（奇场或上场）"与"扫描帧的全部偶数场（偶场或下场）"两个场构成每一帧画面，在每一帧画面的显示过程中，先显示其中一个场的交错间隔内容，再显示另一个场的内容来填充前一个场的缝隙。如果优先显示的是奇场，则叫作"高场优先"或"上场优先"；如果优先显示的是偶场，则叫作"低场优先"或"下场优先"。而计算机则以非交错形式显示视频，即每一帧画面由一个扫描场完成，叫作"逐行扫描"，简称"逐行"，如图 1-34 所示。

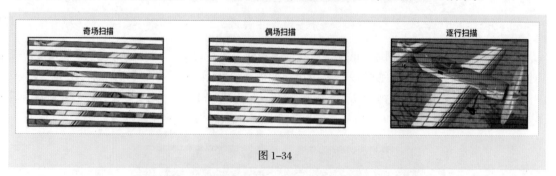

图 1-34

像素长宽比是指画面中一个像素的长度与宽度之比。在计算机中，显示图像的像素都是方形像素，即像素长宽比为 1。而在早期电视中，为了减少对电视信号带宽的占用，国内使用的 PAL 制式规定画面分辨率为 720px×576px、像素长宽比为"D1/DV PAL（1.09）"或"D1/DV PAL 宽银幕（1.46）"，加上隔行扫描等手段的共同作用，保证了电视信号接收与播放的流畅性。随着网络数字技术的普及，通过改变像素长宽比及设定隔行扫描等方式来减少占用的信号带宽的方法已逐渐被淘汰。所以在通常情况下，像素长宽比默认为"方形像素"，如图 1-35 所示。

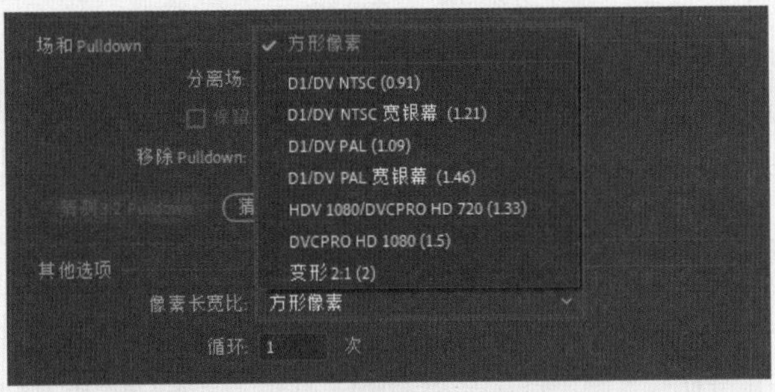

图 1-35

在 After Effects 中，可以设置可无缝循环播放的视频素材或动画序列的循环次数，如图 1-36 所示。

图 1-36

1.2.3　合成的创建与修改

在菜单栏中，执行"合成 > 新建合成"命令（组合键：Ctrl+N）新建一个合成；也可以在"项目"面板中，单击"新建合成"按钮新建一个合成；还可以拖曳某个素材至"新建合成"按钮上后松开鼠标左键，新建一个与该素材设置相匹配的合成，如图 1-37 所示。

扫码观看视频

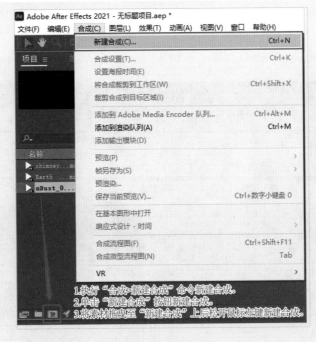

图 1-37

在同一个项目中，可创建一个或多个合成。合成是框架，任何素材都可以是合成中一个或多个图层的源文件。如果需要修改当前合成的设置，则可在当前合成于"项目"面板中处于选中状态的情况下，或在当前合成的"时间轴"面板被激活的情况下，在菜单栏中执行"合成 > 合成设置"命令（组合键：Ctrl+K），打开当前合成的"合成设置"对话框，如图 1-38 所示。

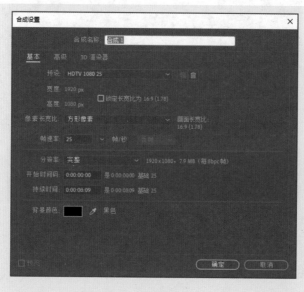

图 1-38

1.2.4 图层的编辑

可将素材拖曳至合成的"时间轴"面板中，通过"合成"面板与"时间轴"面板在空间和时间上排列图层；可以使用蒙版、混合模式、形状图层、文字图层、绘画工具来创建视觉元素；还可以修改图层的基础属性，使用关键帧和表达式使图层基础属性的任意组合随着时间的推移而发生变化，以及为图层添加效果等，如图 1-39 所示。

图 1-39

1.2.5 合成效果预览

在"合成"面板中，可以预览合成的效果。在默认情况下，"合成"面板中显示的内容除了合成效果本身之外，还包括各图层的边界线、参考线等，如图 1-40 所示。可以使用组合键"Ctrl+Shift+H"打开或关闭"显示图层控件"功能。

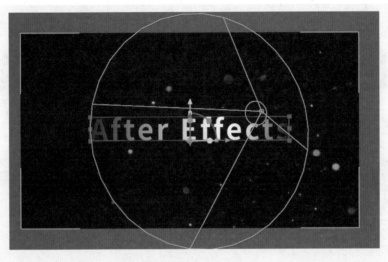

图 1-40

在菜单栏中执行"窗口 > 预览"命令或使用组合键"Ctrl+3"打开"预览"面板，单击"播放"按钮▶即可预览合成效果。在"预览"面板中，可以通过指定预览的分辨率、帧速率以及限制预览的区域和持续时间等来更改预览的速度和品质，也可以设置预览合成效果的快捷键，如图 1-41 所示。

此外，还可以在"时间轴"面板或"合成"面板被激活的情况下，使用快捷键"空格"或小键盘中的"0"来预览合成效果，或使用组合键"Shift+ 小键盘 0"隔帧预览合成效果，该方法对"素材"面板及"图层"面板中的素材也有用。

"素材"面板：双击"项目"面板中的素材，即可打开相应的"素材"面板，如图 1-42 所示。

图 1-41

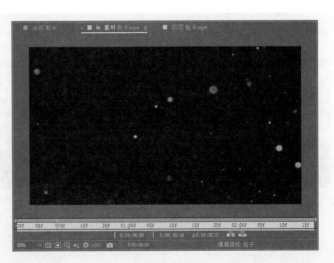

图 1-42

"图层"面板：双击"时间轴"面板中的图层，即可打开相应的"图层"面板，如图 1-43 所示。

图 1-43

1.2.6 渲染输出

在"时间轴"面板或"合成"面板被激活，或"项目"面板中有一个或多个素材或合成被选择的情况下，在菜单栏中执行"文件 > 导出 > 添加到渲染队列（A）"命令，或使用组合键"Ctrl+M"，即可将一个或多个素材或合成添加到渲染队列中。如果选择的是素材，则会根据素材新建合成并将该合成添加到"渲染队列"面板中。对输出模块与输出路径进行设置并单击"渲染"按钮，等待渲染完毕，完成视频的渲染输出工作，如图 1-44 所示。

扫码观看视频

图 1-44

单击"渲染设置""输出模块"选项左侧的箭头按钮，即可看到关于渲染和输出的设置。如果需要修改这些设置，则可以单击"渲染设置""输出模块"选项右侧的箭头按钮并选择所需的预设，如图 1-45 所示。

18

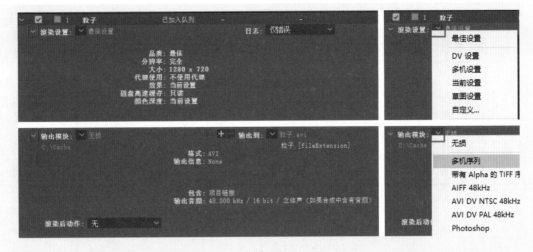

图 1-45

也可以单击"渲染设置""输出模块"选项右侧对应的蓝色文字，在弹出的对话框中自定义相关设置，如图 1-46 所示。在大多数情况下，"渲染设置"无须修改，保持"最佳设置"即可。单击"输出模块"选项右侧对应的蓝色文字，打开"输出模块设置"对话框后，可根据输出需求自定义相关设置，具体设置会在本项目的项目实施中详细讲解。

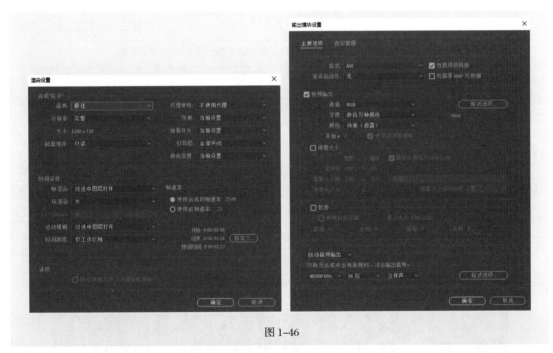

图 1-46

"日志"选项用来记录视频输出过程中的相关信息，默认为"仅错误"，即只有在输出过程中出错时才会记录相关信息。"输出到"选项左侧的"+""-"是用来增加或减少输出模块和输出路径的。通过这个功能，可以使用 After Effects 将同一合成输出成多个文件。单击"输出到"选项右侧的箭头按钮，可选择文件名预设。如果需要设置输出文件的存储路径，则需要单击"输出到"选项右侧的蓝色文字进行设置，如图 1-47 所示。

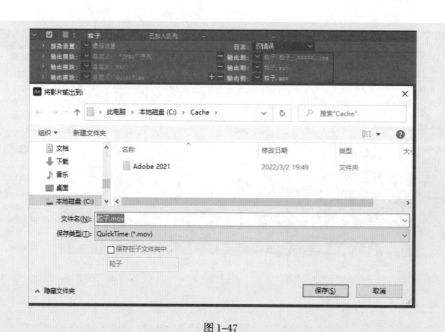

图 1-47

项目实施——制作并输出球体光影效果动画

在项目实施部分我们将制作球体光影效果动画并输出球体光影效果动画视频。

任务 1 制作球体光影效果动画

任务目标： 导入所需素材，创建合成，在"时间轴"面板中完成球体光影效果动画的制作。

知识要点： 在"项目"面板中导入素材与解释素材，创建合成，在"时间轴"面板中根据需求罗列素材图层，并适当调整图层的位置关系与图层的混合模式，最终效果如图 1-48 所示。

扫码观看视频

素材文件： 本任务所需的素材文件位于"项目 1\ 任务 1 制作球体光影效果动画\ 素材"文件夹中，其中包含"背景.jpg"图像文件、"前景提亮.mov"和"投影.mp4"视频文件，以及"球体"和"文字"两个文件夹。

图 1-48

（1）在 After Effects 中，按组合键"Ctrl+S"，在打开的对话框中将项目名称设置为"制作球体光影效果动画"，然后选择保存位置，对该项目进行保存。项目保存完成后，双击"项目"面板的空白区域，在弹出的"导入文件"对话框中进入"项目 1\ 任务 1 制作球体光影效果动画 \ 素材"文件夹，选择"背景 .jpg""前景提亮 .mov""投影 .mp4"3 个文件后，单击"导入"按钮，将素材导入"项目"面板中。再次双击"项目"面板的空白区域，在弹出"导入文件"对话框后进入"文字"文件夹，选择"文字 _00000.png"素材，并勾选"导入文件"对话框右下角的"PNG 序列"选项，单击"导入"按钮，如图 1-49 所示，将素材导入"项目"面板中。

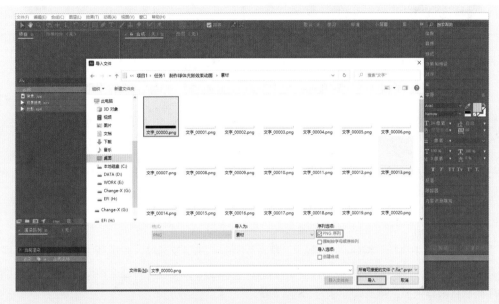

图 1-49

（2）双击"项目"面板的空白区域，在弹出"导入文件"对话框后进入"球体"文件夹，选择"球体 _00000.psd"素材，并勾选"导入文件"对话框右下角的"Photoshop 序列"选项，单击"导入"按钮，在弹出的"解释素材"对话框中选择"直接 – 无遮罩"单选项，单击"确定"按钮，如图 1-50 所示，将素材导入"项目"面板中。

图 1-50

（3）在"项目"面板中选择"球体 _[00000-00075].psd"素材，单击鼠标右键并执行"解释素材 > 主要"命令，打开"解释素材"对话框，将"假定此帧速率"选项右侧的值修改为 25，如图 1-51 所示，单击"确定"按钮完成修改。使用同样的操作步骤完成"文字 _[00000-00075].png"素材的帧速率修改。

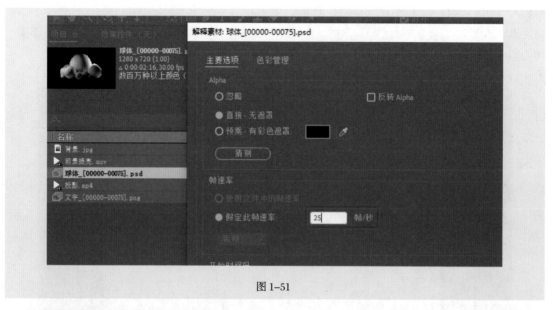

图 1-51

也可在菜单栏中执行"编辑 > 首选项 > 导入"命令，在"首选项"对话框中将"序列素材"下方的数值修改为 25，如图 1-52 所示，单击"确定"按钮完成设置。通过这种设置方式，可以使之后的序列素材被导入时，默认帧速率为 25 帧 / 秒。

图 1-52

（4）选择"球体 _[00000-00075].psd"素材，按回车键，将素材名称更改为"球体"。其他素材也都可以使用该方法修改名称。之后将"球体"素材拖到"新建合成"按钮 上，如图 1-53 所示，松开鼠标左键，会自动新建与该素材设置相匹配的合成。在"合成"面板下方单击"切换透明网格"按钮，可显示或隐藏透明背景通道，如图 1-54 所示。

图 1-53

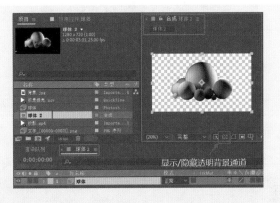

图 1-54

（5）在"项目"面板中选择"球体 2"合成，按回车键，将该合成重命名为"制作球体光影效果动画"，再将"背景""前景提亮""投影""文字"4 个文件拖入"时间轴"面板中。需要注意的是，After Effects 是层级式的图形图像视频处理软件，在层级关系上，因为上方图层会遮挡下方图层的内容，所以需要按照图 1-55 所示的顺序排列图层。

图 1-55

（6）单击每个图层的"独奏"开关，可以逐一观察每个图层的画面内容，发现部分图层含有Alpha 通道，即透明信息通道，如图 1-56 所示。

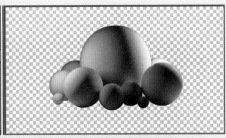

图 1-56

（7）在明确每个图层的画面内容后，再次单击所有图层的"独奏"开关。由于"投影"图层不包含透明信息通道，所以该图层的画面内容会将下方的"文字""背景"两个图层的画面内容完全遮挡，这时需要用到图层的"模式"，如图 1-57 所示。

图 1-57

（8）"投影"图层的"模式"下拉列表中有许多混合模式。这些混合模式的区别及作用将会在之后的项目中逐步介绍。将"投影"图层的"模式"设置为"相乘"，如图 1-58 所示，这是一种"去白留黑"的混合模式，可以对该图层的暗部信息与下方所有图层的颜色信息进行降低亮度形式的混合，并根据该图层中每个像素的亮度决定这些颜色信息的混合程度。例如由于纯白色的亮度最大，所以在使用"相乘"模式后，该图层的纯白色信息将被排除，此时"投影"图层与"背景"图层已进行了"相乘"模式的混合。

图 1-58

（9）"去白留黑"的"模式"包括"变暗""相乘""颜色加深""经典颜色加深""线性加深""较深的颜色"6 种。与之对应的是"去黑留白"的"模式"，包括"相加""变亮""屏幕""颜色减淡""经典颜色减淡""线性减淡""较浅的颜色"7 种。将"前景提亮"图层的"模式"设置为"屏幕"，即可发现画面局部变亮了一些，如图 1-59 所示。相对于"相乘"模式适用于制作投影的混合效果，"屏幕""相加"等模式适用于使用特定图层来增加画面局部亮度、添加光晕以及制作发光物体的光源等。

图 1-59

　　（10）将输入法切换至英文输入状态后，使用快捷键"空格"或小键盘中的"0"预览动画效果，可以发现"文字"图层在画面中的位置偏下。在"时间轴"面板中单击右侧"03s"文字位置，将当前时间指示器移到第3秒处，如图1-60所示。在"时间轴"面板中选择"文字"图层，如图1-61所示，再到"合成"面板中向上拖曳该图层至合适的位置，开始拖曳后，按住鼠标左键不放，同时按住"Shift"键，使移动方向为水平或垂直方向，完成拖曳后，先松开鼠标左键，再松开"Shift"键，效果如图1-62所示。此时"制作球体光影效果动画"任务就完成了。

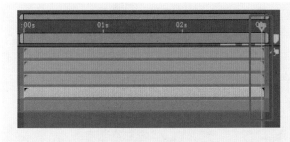

图 1-60

图 1-61

图 1-62

任务 2　输出球体光影效果动画为视频

　　任务目标：通过 After Effects 的"渲染队列"面板和 Media Encoder 的"动态链接"功能，将制作完成的球体光影效果动画输出为 H.264 以及 ProRes 编码格式的视频。

　　知识要点：将制作完成的动画合成加入"渲染队列"面板中，用 ProRes 编码格式进行视频的输出；将制作完成的动画合成添加到 Media Encoder 的"队列"面板中，用 H.264 编码格式进行视频的输出，如图 1-63 所示。

　　素材文件：本任务所需的素材文件与任务 1 相同。

扫码观看视频

图 1-63

（1）在"合成"面板的"分辨率 / 向下采样系数"下拉菜单中选择"完整"，如图 1-64 所示。

图 1-64

（2）在当前合成的"时间轴"面板或"合成"面板被激活的情况下，在菜单栏中执行"文件 >导出 > 添加到渲染队列（A）"命令，如图 1-65 所示，或使用组合键"Ctrl+M"将当前合成添加到"渲染队列"面板中，如图 1-66 所示。

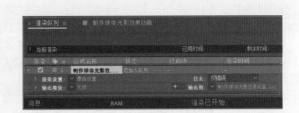

图 1-65　　　　　　　　　　　　　　　图 1-66

（3）单击"输出模块"选项右侧的蓝色文字，如图 1-67 所示，打开"输出模块设置"对话框，将"格式"设置为"QuickTime"，如图 1-68 所示。

图 1-67　　　　　　　　　　　　　　　图 1-68

（4）单击"格式选项"按钮，如图 1-69 所示，在打开的对话框中将"视频编解码器"设置为"Apple ProRes 4444"，如图 1-70 所示，然后单击"确定"按钮完成设置。

图 1-69　　　　　　　　　　　　　　　图 1-70

（5）单击"输出到"选项右侧的蓝色文字，在打开的对话框中指定输出路径，然后单击"保存"按钮完成输出设置，如图 1-71 所示。

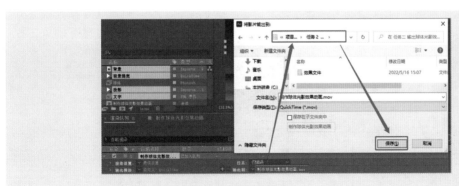

图 1-71

（6）单击"渲染队列"面板右侧的"渲染"按钮开始进行渲染，如图 1-72 所示。渲染完成后，会有清脆的完成提示音（如果出现绵羊提示音，则说明输出失败，需对渲染设置进行检查并重新输出）。

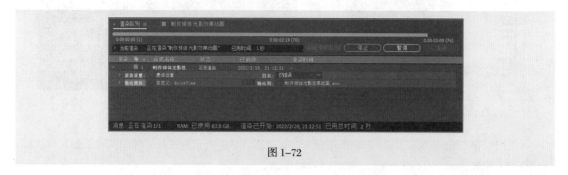

图 1-72

（7）进入相应文件夹，双击输出完成的"制作球体光影效果动画 .mov"视频文件进行观看并检查编码信息，如图 1-73 所示，此时说明使用 After Effects 自带的"渲染队列"面板输出视频的任务已完成。

图 1-73

（8）在当前合成的"时间轴"面板或"合成"面板被激活的情况下，在菜单栏中执行"文件 > 导出 > 添加到 Adobe Media Encoder 队列"命令，如图 1-74 所示，或使用组合键"Ctrl+Alt+M"将当前合成添加到 Media Encoder 的"队列"面板中。需要确认操作系统中已安装了 Adobe Media Encoder 2021。

图 1-74

（9）等待片刻之后，合成就会被添加到 Media Encoder 的"队列"面板中。单击"导出设置"位置的蓝色文字，打开"导出设置"窗口，将"格式"设置为"H.264"，单击"输出名称"右侧的蓝色文字，设置导出路径，并勾选"以最大深度渲染""使用最高渲染质量"选项，如图 1-75 所示。

图 1-75

（10）在"视频"模块中找到"比特率设置"选项，将"比特率编码"设置为"CBR"，将"目标比特率 [Mbps]"设置为"10"，如图 1-76 所示。

（11）当"比特率编码"为"CBR"时，视频将以固定的比特率进行输出，优点是输出速度快；当"比特率编码"为"VBR，1 次"或"VBR，2 次"时，视频将根据每帧画面的信息量，以动态的比特率进行输出，相对于"CBR"编码模式，它在同等画质的情况下对视频进行了进一步压缩，从而使视频文件更小，但视频输出速度较慢，如图 1-77 所示。

图 1-76

图 1-77

（12）单击"确定"按钮，完成导出设置。单击"队列"面板右侧的"启动队列" ▶ 按钮，导出视频，如图 1-78 所示。

图 1-78

（13）视频输出完成后，进入相应文件夹，双击输出完成的"制作球体光影效果动画 .mp4"视频文件进行观看和检查编码信息，如图 1-79 所示，此时说明使用 Media Encoder 输出视频的任务已完成。

图 1-79

项目小结

通过本项目的学习，读者可以了解影视特效的发展与应用领域，明确未来的就业方向。通过对 After Effects 进行初步学习，读者可以掌握影视特效的制作流程和 After Effects 的基本操作。

影视特效艺术创作的基本原则为真实性。要提升影视特效创作能力不仅需要提升软件应用能力，还要加强对艺术知识的学习，提升个人的艺术修养。读者在生活中遇到各种事情时要多观察，勤思考，常实践，善总结。

在使用 After Effects 的过程中，读者需要熟练掌握素材的导入与解释素材、合成的创建与设置、"时间轴"面板中的层级关系与图层的编辑、混合模式的作用、动画效果的预览以及视频的输出设置等基本知识点，在之后的项目中，这些知识点会始终贯穿所有案例的学习与制作中。

通过对素材进行整理、对项目与合成进行重命名等操作，读者应养成规范整理项目文件的习惯，这种习惯会直接影响团队协作的效果与工作效率，对个人未来的职业发展也十分重要。

项目扩展——制作科技感城市效果动画

知识要点： 根据所学知识，制作并完成科技感城市效果动画，并将完成的效果动画输出为 H.264 编码格式的视频文件，如图 1-80 所示。

素材文件： 本任务所需的素材文件位于"项目 1\ 项目扩展——制作科技感城市效果动画 \ 素材"文件夹中，其中包含"城市 .mov""光晕 .mp4""粒子 .mp4"视频文件，以及"地图""遮罩"两个文件夹。

案例目标：

（1）导入素材并保存项目；

（2）新建合成与编辑素材；

（3）将完成的效果动画输出为视频。

扫码观看视频

31

图 1-80

02 ——————————————————— 项目 2

认识图层与关键帧——
图层的变换属性动画

情景引入

在日常生活中，我们时常会接触到如踢足球等球类运动。那么如何使用 After Effects 来制作一个简单的足球弹跳动画呢？通过本项目的学习，读者可以对 After Effects 中图层的变换属性、层级关系、父级和链接、关键帧动画及图表编辑器的功能有一个全面的了解，熟练掌握这些知识和功能后，读者能够完成基本的关键帧动画的设计与制作。

大多数人都会遇到或亲身经历过这样的情况：在正常行驶的汽车里，发现前方不远处有障碍物，于是紧急刹车，从而避免了交通事故的发生。那么汽车刹车的运动规律是怎样的呢？在 After Effects 中是如何实现这样的运动效果呢？通过学习本项目的内容，读者可以了解图层的五大交换属性和关键帧，并结合运动规律与图层的变换属性制作出相应的关键帧动画。

学习目标

知识目标

- 了解图层的五大变换属性。（"1+X"初级。）
- 熟练掌握层级关系。（"1+X"初级。）
- 熟练掌握继承的使用方法。（"1+X"初级。）
- 熟练掌握动画关键帧的设置、编辑方法。（"1+X"初级。）
- 熟练掌握动画图表编辑器的使用技巧。（"1+X"初级、中级。）
- 掌握关键帧动画的复制与粘贴技巧。

技能目标

- 掌握"小球弹跳动画"的制作方法。（"1+X"初级、中级。）
- 掌握"汽车刹车动画"的制作方法。（"1+X"初级、中级。）

素养目标

- 帮助读者提升设计技巧。
- 培养读者的观察能力。

扫码观看思维导图

扫码观看视频

相关知识

2.1 图层

After Effects 作为 Adobe 公司的系列软件之一，继承了基于图层的工作模式。图层是 After Effects 中极其重要的基本组成部分，在"时间轴"面板上可以直观地观察到图层的叠放顺序，位于上方图层的内容将影响其下方图层的内容，同一合成的图层之间可以通过混合模式产生特殊的效果；还可以在图层上加入各种效果等。

2.1.1 图层的变换属性

以默认状态下的二维图层为例，图层具有 5 个基本的变换属性，分别是"锚点""位置""缩放""旋转""不透明度"，5 个基本的变换属性均包含在"变换"中，如图 2-1 所示。（"1+X"初级——图层五大属性。）

图 2-1

（1）锚点：图层的轴心点坐标（快捷键：A）。其有 x 轴和 y 轴 2 个数值。

（2）位置：主要用来制作图层的位移动画（快捷键：P）。包括"X 轴位置"和"Y 轴位置"2 个属性。用鼠标右键单击"位置"属性，执行"单独尺寸"命令可单独控制"X 轴位置"和"Y 轴位置"。

（3）缩放：以锚点为基准来改变图层的大小（快捷键：S）。"缩放"属性有 x 轴和 y 轴 2 个数值。在缩放图层时，通过"缩放"属性数值左侧的"约束比例"按钮 🔗，可以进行等比缩放或不等比缩放操作。

（4）旋转：以锚点为基准旋转图层（快捷键：R）。"旋转"属性的数值由"圈数"和"度数"组成，例如 1x+45.0° 就表示旋转了 1 圈又 45°。如果当前图层是三维图层，那么该图层有 4 个旋转属性，分别是"方向""X 轴旋转""Y 轴旋转""Z 轴旋转"。

（5）不透明度：以百分比的形式来调整图层的不透明度（快捷键：T），范围为"0"（完全透明）~"100"（完全不透明）。

2.1.2 图层的复制与替换

在对合成中的一个图层设置完毕后，如果需要在合成内复制一个新的图层，则选择要复制的图层，在菜单栏中执行"编辑 > 重复"命令（组合键：Ctrl+D），如图 2-2 所示。如果需要在其他合成中添加相同的图层，则先在原合成中选择要复制的图层，在菜单栏中执行"编辑 > 复制"命令（组合键：Ctrl+C），再打开另一合成，执行"编辑 > 粘贴"命令（组合键：Ctrl+V），即可将复制的图层粘贴到该合成中，如图 2-3 所示。（"1+X"初级——复制图层的方法及组合键。）

图 2-2　　　　　　　　　　　　　　　图 2-3

　　如果想要将"时间轴"面板中的某个图层替换为另一个图层，则在"时间轴"面板中单击被替换的图层，再按住 Alt 键，将"项目"面板中的替换素材拖入"时间轴"面板中，松开鼠标左键即可完成替换。

2.1.3　父级和链接

　　父级和链接也叫"继承"或"父子关系"。在动画制作过程中，"父级和链接"是必不可少的功能之一。单击"时间轴"面板上方的"功能卷展栏"按钮≣，在下拉菜单中选择"列数 > 父级和链接"，即可开启"父级和链接"功能，如图 2-4 所示。也可用鼠标右键单击"时间轴"面板中的图层标题栏，执行"列数 > 父级和链接"命令开启该功能，如图 2-5 所示。（"1+X"初级——图层继承关系及父级关联器使用方法。）

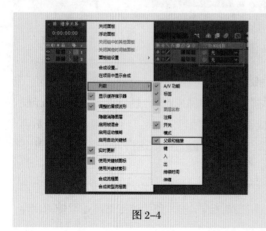
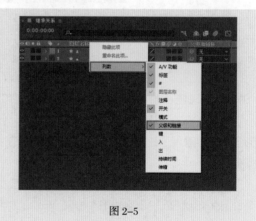

图 2-4　　　　　　　　　　　　　　　图 2-5

　　开启"父级和链接"功能后，拖动继承图层的"父级关联器"按钮◎到被继承图层上，即可与被继承图层建立父子继承关系，如图 2-6 所示，继承图层为子级图层，被继承图层为父级图层。在继承图层右侧的"父级和链接"下拉列表中选择被继承图层，同样可以建立父子继承关系。

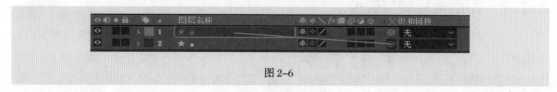

图 2-6

　　完成继承后，子级图层"变换"中的属性（"不透明度"属性除外）由"世界坐标参数"变更为相对于父级图层的"相对坐标参数"，当父级图层"变换"中的属性（"不透明度"属性除外）发生变化时，子级图层的属性也会相对于父级图层发生变化；而子级图层的变换属性发生变化时，父级图层不会受到任何影响。

每个图层都可同时拥有多个子级图层，但子级图层的直接父级图层只能有一个。同时，父级图层也可作为其他图层的子级，但不可作为其子级图层的直接或间接子级。

2.2　关键帧动画

关键帧动画技术是计算机动画中运用广泛的基本技术。在 After Effects 中制作动画主要是使用关键帧配合图表编辑器来完成的。所有影响画面变化的属性都可以设置关键帧，如位置、旋转、缩放等。

2.2.1　关键帧动画的概念

关键帧动画的概念来源于传统的卡通动画。在早期的迪士尼工作室中，熟练的动画师负责设计卡通动画中的"关键画面"，一般的动画师负责绘制"过渡画面"。如今，"过渡画面"可以通过计算机来绘制。After Effects 可以依据前后两个关键帧来识别动画的起始和结束状态，并自动计算中间的过渡帧来产生视觉动画，如图 2-7 所示。

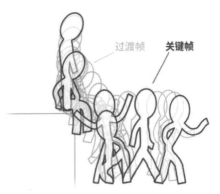

图 2-7

35

在 After Effects 中，关键帧动画至少需要两个关键帧才能产生作用，第 1 个关键帧表示动画的初始状态，第 2 个关键帧表示动画的结束状态，而中间的动态则由计算机通过插值方式计算得出。

2.2.2　关键帧设置方法

在 After Effects 中，单击图层左侧的箭头按钮，可以看到很多属性的左侧都有一个"码表"按钮⏱。单击"码表"按钮⏱，可将其变更为激活状态⏱，此时在"时间轴"面板中的时间线上的任何位置都可以通过增加新的关键帧来制作该属性的关键帧动画；再次单击"码表"按钮⏱，可将其变更为未激活状态⏱，此时该属性中设置的所有关键帧都将被删除，且该属性的数值将为当前时间指示器所在时间点的数值。

激活码表后，当前时间指示器所在位置会生成一个相应的关键帧，将时间指示器移动到其他位置，调整码表对应属性的数值后，会在当前时间位置自动生成一个关键帧。也可以单击属性最左侧的"添加关键帧"按钮◆，在当前时间指示器所在位置新增关键帧（如果按钮为蓝色◆，则单击会删除当前时间指示器所在位置的关键帧），如图 2-8 所示。（"1+X"初级——关键帧的添加。）

图 2-8

2.2.3　关键帧插值设置

插值就是在两个已知的数值之间通过某种计算方式得到中间的数值，在数字视频制作中意味着在两个关键帧之间插入新的数值。使用插值方法可以制作出更加自然的动画效果。

扫码观看视频

常用的插值方法有两种，分别是"线性插值"和"贝塞尔插值"。"线性插值"就是在关键帧之间对数值进行平均分配，"贝塞尔插值"是基于贝塞尔曲线的形状来改变数值变化的速度。

如果要改变关键帧的插值方式，则选择需要调整的一个或多个关键帧，然后在菜单栏中执行"动画 > 关键帧插值"命令，或在已选中的一个或多个关键帧上单击鼠标右键，执行"关键帧插值"命令，在"关键帧插值"对话框中进行详细设置，如图2-9所示。（"1+X"初级、中级——关键帧插值方式。）

（1）临时插值：影响该关键帧属性随时间变化的方式，有"线性""贝塞尔曲线""连续贝塞尔曲线""自动贝塞尔曲线""定格"5种方式。当设置为"贝塞尔曲线"或"连续贝塞尔曲线"时，可使用动画曲线编辑器对时间插值的变化进行调整。（"1+X"初级、中级——临时插值的5种方式。）

（2）空间插值：影响该关键帧所属的运动轨迹，有"线性""贝塞尔曲线""连续贝塞尔曲线""自动贝塞尔曲线"4种。当设置为"贝塞尔曲线"或"连续贝塞尔曲线"时，可在"合成"面板中对其运动轨迹进行调整。（"1+X"初级、中级——空间插值的4种方式。）

（3）漂浮：影响同一属性中3个以上关键帧变化速度的平滑结果，有"漂浮穿梭时间"和"锁定到时间"两种方式。同一属性的起始帧和结束帧无法漂浮。当所选关键帧设置为"锁定到时间"时，关键帧保持原状态，不产生漂浮穿梭；当所选关键帧设置为"漂浮穿梭时间"时，通过 After Effects 自动解算，被选择的关键帧以漂浮穿梭的形式分布在前后2个处于非漂浮穿梭状态的常规关键帧之间。拖动相邻的两个常规关键帧时，漂浮关键帧所在位置会随之发生变化。可在选中的关键帧上单击鼠标右键，执行"漂浮穿梭时间"命令，将关键帧设置为漂浮穿梭状态，如图2-10所示，红框内的关键帧为漂浮关键帧。

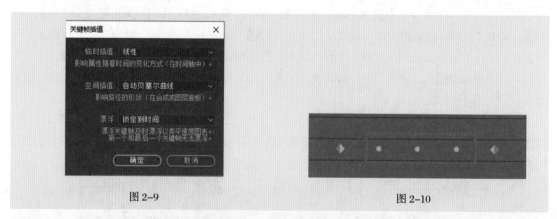

图2-9　　　　　　　　　　　　　　　　　　　　　　　　图2-10

2.3　图表编辑器

图表编辑器用于显示与编辑图层动画属性的图形和表格。关键帧动画制作完成之后，为了使动画效果更加顺畅，还需使用图表编辑器对其进行细节上的调整，如图2-11所示。

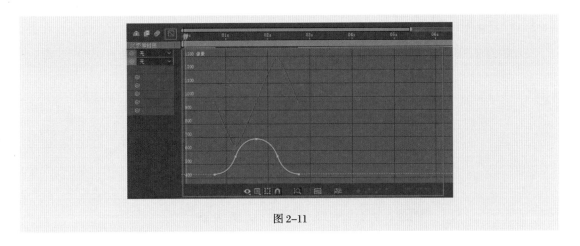

图 2-11

2.3.1　临时插值与属性变化方式

　　在图表视图中，可以看到关键帧对应图层的属性数值与动画运动速率在时间轴上的变化。用鼠标右键单击图表视图的空白区域，可对图表视图的显示内容进行设置，如图 2-12 所示。（"1+X"初、中级——临时插值与属性变化。）

　　也可以通过图表编辑器下方的工具对图表视图的显示内容进行相关设置，如图 2-13 所示。

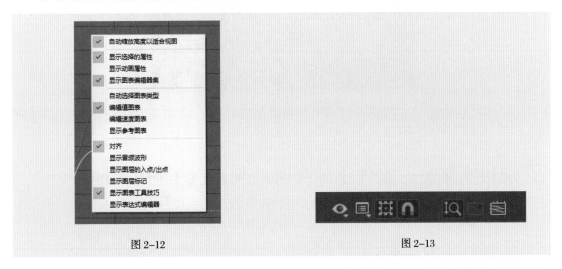

图 2-12　　　　　　　　　　　　　　　　图 2-13

　　当选择"编辑值图表"时，图表纵轴和运动曲线以属性数值变化显示。当选择"编辑速度图表"时，图表纵轴和运动曲线以速率值变化显示。

2.3.2　关键帧插值转换

　　在选择关键帧后，可使用图表编辑器下方的关键帧插值转换工具对关键帧插值进行相应的设置，如图 2-14

图 2-14

所示，从左到右依次为："编辑选定的关键帧""将选定关键帧转换为定格""将选定关键帧转换为线性""将选定关键帧转换为自动贝塞尔曲线""缓动""缓入""缓出"。（"1+X"初、中级——关键帧插值的转换工具。）

2.3.3　动画曲线编辑

拖动图表视图内关键帧的控制手柄，可手动调整关键帧，使动画效果更加符合观众的视觉需求，如图 2-15 所示。

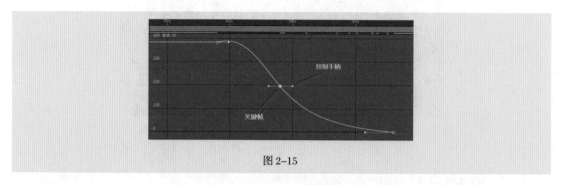

图 2-15

"编辑值图表"模式与"编辑速度图表"模式在调整动画曲线的方式上有一定的区别，例如在"编辑速度图表"模式下所有关键帧的控制手柄均只能平行调整，而在"编辑值图表"模式下则可以改变控制手柄的角度等，但两种模式均可通过调整动画曲线实现相同的动画效果，如图 2-16 所示。

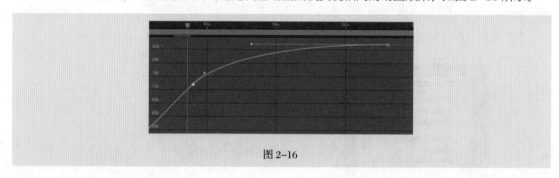

图 2-16

📌 项目实施——制作小球弹跳动画和汽车刹车动画

在项目实施部分我们将制作小球弹跳动画以及汽车刹车动画。

任务 1　制作小球弹跳动画

任务目标：学习使用变换属性、继承、关键帧动画及图表编辑器制作动画。（本任务涉及"1+X"初级——图层五大属性、图层继承关系、空对象的作用、关键帧属性等知识点，以及"1+X"高级——关键帧动画、关键帧插值及图表编辑器等知识点。）

知识要点：使用"旋转"属性为小球制作旋转关键帧动画，使用"父级和链接"功能实现小球弹跳运动与撞击挤压效果，使用图表编辑器调整小球的运动缓停动画，最终效果如图 2-17 所示。

扫码观看视频

素材文件：本任务所需的素材文件位于"项目 2\ 任务 1　制作小球弹跳动画 \ 素材"文件夹中，其中包含"BG.mp4"视频文件以及"足球 .png"图像文件。

图 2-17

（1）在 After Effects 的"项目"面板中导入"BG.mp4""足球 .png"2 个文件，如图 2-18 所示，并以"小球弹跳动画"为名保存该项目。（"1+X"初级——素材的导入类型。）

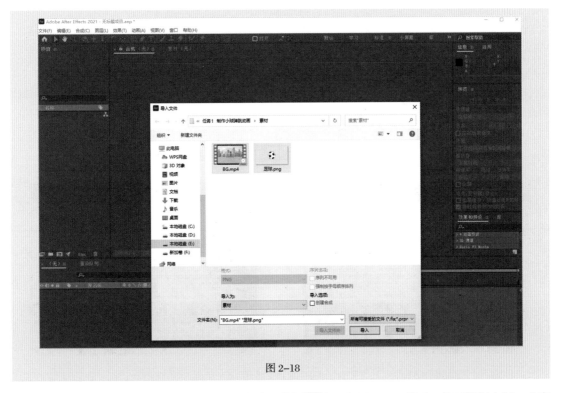

图 2-18

（2）将"BG.mp4"文件拖到 "新建合成"按钮 上，如图 2-19 所示，松开鼠标左键，会自动新建与该素材设置相匹配的合成，如图 2-20 所示。（"1+X"初级——合成的创建方法之一。）

图 2-19

图 2-20

（3）在"项目"面板中选择"BG"合成，按回车键为该合成重新命名，如图 2-21 所示，再将"足球 .png"文件拖入"时间轴"面板中，放到"BG.mp4"图层的上方，如图 2-22 所示。

图 2-21

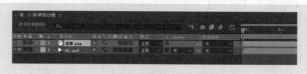

图 2-22

（4）选择"时间轴"面板中的"足球 .png"图层，使用快捷键"S"（注意：输入法切换到英文），调出该图层的"缩放"属性，如图 2-23 所示，向左拖动"缩放"属性的数值，缩小小球，使小球与场景更匹配。（"1+X"初级——"缩放"属性的快捷键。）

（5）接下来制作小球的上下弹跳动画。在"时间轴"面板中单击鼠标右键，执行"新建 > 空对象"命令，新建一个空对象图层，在"合成"面板中按住"Shift"键拖动空对象到小球底部后松开鼠标左键，然后拖动"足球 .png"图层的"父级关联器"按钮⊚到"空 1"图层上，完成父级继承操作，如图 2-24 所示。（"1+X"初级——图层父级关联器操作方法。）

图 2-23

图 2-24

（6）在"时间轴"面板中选择"空 1"图层，使用快捷键"P"调出"位置"属性，选择"位置"属性并单击鼠标右键，执行"单独尺寸"命令，如图 2-25 所示。然后往左拖动"Y 位置"属性的数值，使小球完全退出画面，如图 2-26 所示。（"1+X"初级——"位置"属性的快捷键。）

图 2-25　　　　　　　　　　　　　　　　　　　　图 2-26

（7）确认时间指示器位于时间线的起始位置，单击"Y 位置"属性左侧的"码表"按钮 ⏱ 开启关键帧设置，将时间指示器往右拖动到第 14 帧的位置，往右拖动"Y 位置"属性的数值，使小球落到地面上，此时会自动生成第 2 个关键帧，如图 2-27 所示。

图 2-27

（8）将时间指示器拖到 1 秒左右的位置，往左拖动"Y 位置"属性的数值，使小球弹到合适的高度，如图 2-28 所示，此时会自动生成第 3 个关键帧。选择第 2 个关键帧，使用组合键"Ctrl+C"复制此关键帧，紧接着往右拖动时间指示器到合适的位置，使用组合键"Ctrl+V"粘贴关键帧，此时小球会落到地面上。利用前面所积累的技巧，完成小球后续的弹跳动画，如图 2-29 所示。（"1+X"初级——关键帧的设置方法。）

图 2-28　　　　　　　　　　　　　　　　　　　　图 2-29

（9）打开图表编辑器，单击"空1"图层中的"Y位置"属性，在图表中单击鼠标右键，执行"编辑值图表"命令，如图2-30所示。

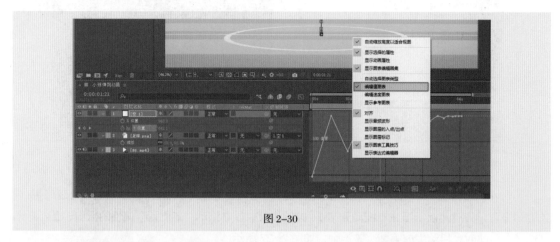

图 2-30

（10）在图表中选择所有关键帧，单击图表下方的"缓动"按钮，如图2-31所示。

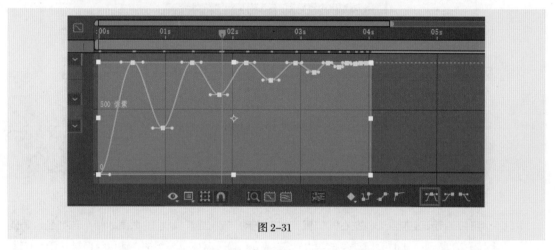

图 2-31

（11）在图表中单击图表下方的"使所有图表适于查看"按钮，调节各个关键帧的控制手柄，使图表的形态如图2-32所示。完成后，按小键盘中的"0"键预览动画，根据动画节奏对关键帧的间距进行适当的调整。

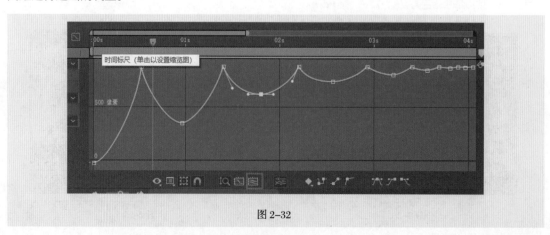

图 2-32

（12）接下来制作小球的水平位移关键帧动画。关闭图表编辑器，确认时间指示器位于时间线的起始位置。往左拖动"空 1"图层的"X 位置"属性的数值，使小球完全退出画面。单击"X 位置"属性左侧的"码表"按钮 ⏱，开启关键帧设置，如图 2-33 所示。

图 2-33

（13）拖动时间指示器到"Y 位置"属性的最后一个关键帧的右侧，然后向右拖动"X 位置"属性的数值，使小球向右移动到合适的位置，此时自动生成了第 2 个关键帧，如图 2-34 所示。

（14）打开图表编辑器，单击"空 1"图层中的"X 位置"属性，在图表中选择第 1 个关键帧，单击图表下方的"缓出"按钮 ，使该关键帧产生缓出动画效果；继续选择第 2 个关键帧，单击图表下方的"缓入"按钮 ，使该关键帧产生缓入动画效果。分别拖动这两个关键帧的控制手柄，将曲线调整为图 2-35 所示的形态。（"1+X"初级、中级——图表编辑器的调节。）

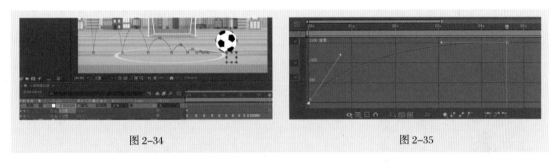

图 2-34　　　　　　　　　　　　　　　　　图 2-35

（15）接下来制作小球滚动动画。关闭图表编辑器，确认时间指示器位于时间线的起始位置。单击"足球 .png"图层，使用快捷键"R"调出该图层的"旋转"属性，单击"旋转"属性左侧的"码表"按钮 ⏱，开启关键帧设置。单击"旋转"属性左侧的"转到下一个关键帧"按钮 ，将时间指示器定位到下一个关键帧处。拖动"足球 .png"图层的"旋转"属性的数值至 1x+0.0°，此时会自动生成第 2 个关键帧，如图 2-36 所示。（"1+X"初级——关键帧的设置方法。）

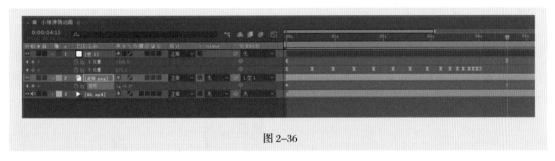

图 2-36

（16）打开图表编辑器，利用前面所积累的技巧，将曲线调整为图 2-37 所示的形态，完成小球滚动动画的制作。

（17）接下来制作小球挤压变形动画。关闭图表编辑器，双击"空 1"图层左侧的箭头按钮，拖动时间指示器的同时按住"Shift"键，此时时间指示器具有自动吸附功能，把时间指示器吸附到"Y 位置"属性的第 2 个关键帧处。单击"缩放"属性右侧的"约束比例"按钮 ，拖动 y 轴数值，使小球变形至图 2-38 所示的状态后松开鼠标左键，并单击"缩放"属性左侧的"码表"按钮 ⏱，开启关键帧设置。

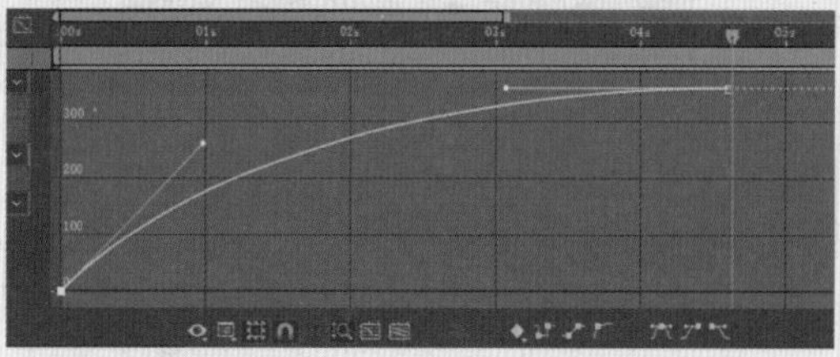

图 2-37

图 2-38

（18）使用快捷键"PgUp"将时间指示器往左移动 1 帧，单击"缩放"属性的 y 轴数值，输入"100"，如图 2-39 所示，此时会自动生成第 2 个关键帧。使用快捷键"PgDn"将时间指示器往右移动 3 帧，单击"缩放"属性的 y 轴数值，输入"100"，此时会生成第 3 个关键帧，如图 2-40 所示。

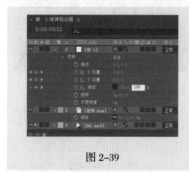

图 2-39

图 2-40

（19）框选"缩放"属性的所有关键帧，按组合键"Ctrl+C"，将时间指示器拖动到"Y 位置"属性的第 4 个关键帧的前一帧，使用组合键"Ctrl+V"将关键帧复制到当前位置。利用此技巧完成后面小球落地的变形动画的制作，如图 2-41 所示。

（20）选择所有图层，使用快捷键"U"展开所有关键帧，可根据动画节奏对关键帧的间距进行适当的调整。开启"足球 .png"图层的"运动模糊"开关 并单击"时间轴"面板上方的"启用图层运动模糊"按钮 ，使动画产生运动模糊效果，如图 2-42 所示。（"1+X"初级——运动模糊。）

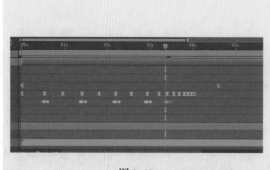

图 2-41

图 2-42

（21）接下来需要将制作完成的动画输出为视频。使用组合键"Ctrl+M"将合成添加到"渲染队列"面板中，在"渲染队列"面板中完成相应的输出设置之后，单击"渲染"按钮开始渲染，如图2-43所示。完成小球弹跳动画的制作。（"1+X"初级——视频的渲染及组合键。）

图 2-43

任务 2　制作汽车刹车动画

任务目标：学习使用变换属性、继承、关键帧动画及图表编辑器制作动画。（本任务涉及"1+X"初级——图层五大属性、图层继承关系、空对象的作用、关键帧属性等知识点，以及"1+X"高级——关键帧动画、关键帧插值及图表编辑器等知识点。）

扫码观看视频

知识要点：使用"旋转"属性制作汽车车轮旋转和车身摇摆关键帧动画，使用"位置"属性制作汽车位移关键帧动画，使用"父级和链接"功能使车轮与车身产生跟随运动效果，使用图表编辑器编辑动画的关键帧插值，效果如图2-44所示。

素材文件：本任务所需的素材文件位于"项目2\任务2　制作汽车刹车动画\素材"文件夹中，其中包含"BG.mp4"视频文件以及"车轮.png""车体.png""投影.png"图像文件。

图 2-44

（1）在 After Effects 的"项目"面板中导入"BG.mp4""车轮.png""车体.png""投影.png"4 个文件，如图 2-45 所示，并以"汽车刹车动画"为名保存该项目。（"1+X"初级——素材的导入类型。）

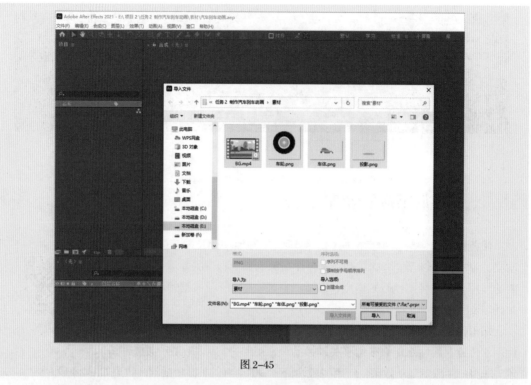

图 2-45

（2）将"BG.mp4"文件拖到"新建合成"按钮 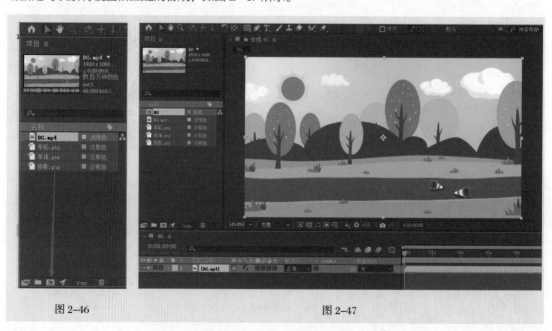 上，如图 2-46 所示，松开鼠标左键，会自动新建与该素材设置相匹配的合成，如图 2-47 所示。

图 2-46 　　　　　　　　　　　　　　　　　图 2-47

（3）在"项目"面板中选择"BG"合成，按回车键为该合成重新命名，如图 2-48 所示，再将"车体.png""车轮.png""投影.png"等文件拖入"时间轴"面板中，按照图 2-49 所示的顺序排列图层。

图 2-48　　　　　　　　　　　　　　　　　　　　　图 2-49

（4）选择"时间轴"面板中的"车轮.png"图层，在"合成"面板中拖动车轮到图 2-50 所示的位置后松开鼠标左键。

图 2-50

（5）确认时间指示器位于时间线的起始位置，在"车轮.png"图层被选择的情况下，使用快捷键"R"调出该图层的"旋转"属性（注意：输入法切换到英文）。单击"旋转"属性左侧的"码表"按钮，开启关键帧设置，再将时间指示器移动到 02 秒左右的位置，顺时针旋转车轮一圈，可以拖动"旋转"属性的数值至 1x+0.0°，此时会自动生成第 2 个关键帧，如图 2-51 所示。（"1+X"初级——关键帧的设置方法。）

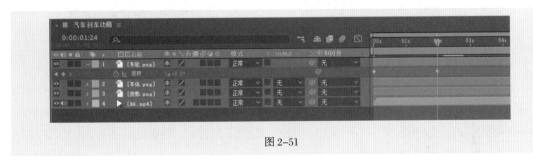

图 2-51

（6）将时间指示器移动到 03 秒左右的位置，继续拖动"旋转"属性的数值至 1x+20.0°，此时会自动生成第 3 个关键帧，如图 2-52 所示。

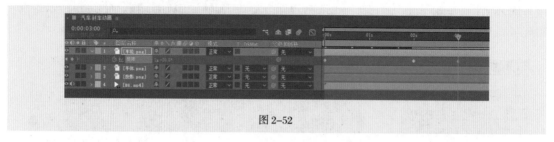

图 2-52

（7）打开图表编辑器，选择"车轮.png"图层中的"旋转"属性，在图表中单击鼠标右键，执行"编辑速度图表"命令，如图 2-53 所示。

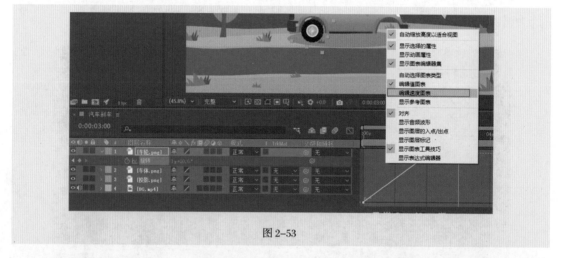

图 2-53

（8）选择图表中的最后一个关键帧，单击图表下方的"缓入"按钮 ，使该关键帧产生缓入动画效果，拖动第 2 个关键帧的控制手柄，将曲线调整为图 2-54 所示的状态。（"1+X"初级、中级——图表编辑器的调节。）

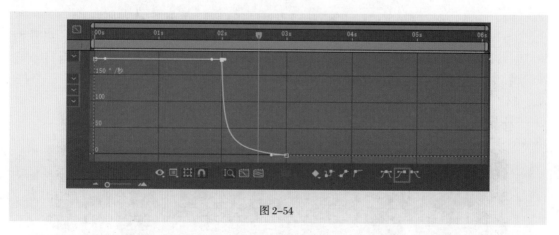

图 2-54

（9）关闭图表编辑器，在"时间轴"面板中选择"车轮.png"图层，使用组合键"Ctrl+D"复制一个图层，再按快捷键"P"调出"位置"属性，拖动 x 轴数值，并观察合成画面，当车轮到达图 2-55 所示的位置后松开鼠标左键。

图 2-55

（10）在"时间轴"面板中单击鼠标右键，执行"新建 > 空对象"命令，新建一个空对象图层。选择"时间轴"面板中最上方的"车轮 .png"图层，此时，按住"Shift"键选择"投影 .png"图层，可同时选择这两个图层及它们之间的图层。选择完毕之后，拖动 4 个图层中的任意一个的"父级关联器"按钮 到"空 1"图层上，如图 2-56 所示，完成父级继承操作，如图 2-57 所示。

49

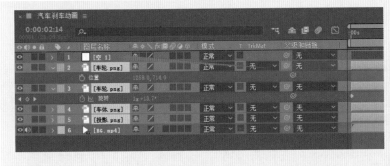

图 2-56

图 2-57

（11）选择"空 1"图层，使用快捷键"S"调出该图层的"缩放"属性，向左拖动"缩放"属性的数值，缩小整辆汽车，使汽车大小更匹配场景，如图 2-58 所示。在"合成"面板中将"空 1"图层拖曳到合适的位置后松开鼠标左键，如图 2-59 所示。

图 2-58

图 2-59

（12）接下来制作汽车前进的动画。将时间指示器移动到时间线的起始位置，选择"空 1"图层，使用快捷键"P"调出"位置"属性，向左拖动 x 轴数值使汽车完全退出画面，单击"位置"属性左侧的"码表"按钮，开启关键帧设置，如图 2-60 所示。

图 2-60

（13）选择"车轮.png"图层，使用快捷键"U"调出已开启关键帧设置的属性。单击左侧的"转到下一个关键帧"按钮，将时间指示器定位到下一个关键帧处。向右拖动"空 1"图层的"位置"属性的 x 轴数值，使汽车到达图 2-61 所示的位置。

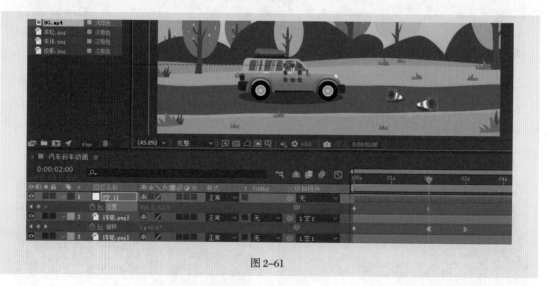

图 2-61

（14）将时间指示器移动到 3 秒后的位置，再次向右拖动"空 1"图层的"位置"属性的 x 轴数值，使汽车向右移动少许距离，如图 2-62 所示。

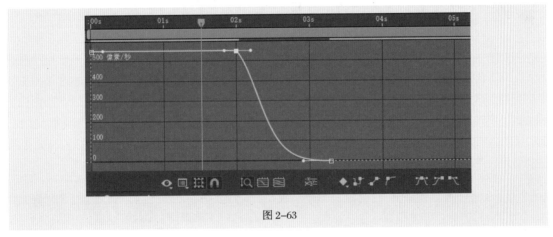

图 2-62

（15）打开图表编辑器，将"空 1"图层的"位置"属性的关键帧调整为图 2-63 所示的形态。完成后，按小键盘中的"0"键预览动画。

图 2-63

（16）此时如果动画中出现汽车轻微倒车的情况，则可以关闭图表编辑器，选择"空 1"图层的"位置"属性的所有关键帧，在其中一个关键帧上单击鼠标右键，执行"关键帧插值"命令，将"空间插值"修改为"线性"模式，如图 2-64 所示。

图 2-64

（17）接下来制作汽车刹车时车身前倾的效果。选择"车体.png"图层，使用快捷键"Y"启用"锚点工具" 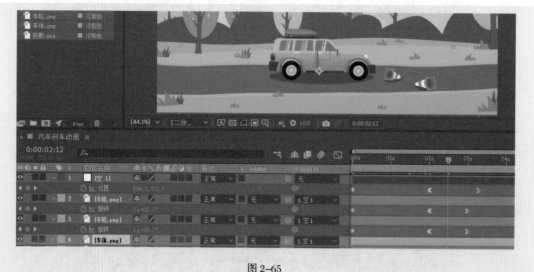，将车身上的锚点移动到车身下方，如图2-65所示。

图2-65

（18）选择任意一个"车轮.png"图层，单击"旋转"属性左侧的"转到下一个关键帧"按钮 ，将时间指示器定位到第2个关键帧的位置。然后选择"车体.png"图层，使用快捷键"R"调出该图层的"旋转"属性，单击"旋转"属性左侧的"码表"按钮 ，开启关键帧设置，再将时间指示器往后拖5帧左右，拖动"旋转"属性的数值，并观察"合成"面板中的效果，当车体旋转到合适的位置后松开鼠标左键，如图2-66所示。（"1+X"初级——关键帧的设置方法。）

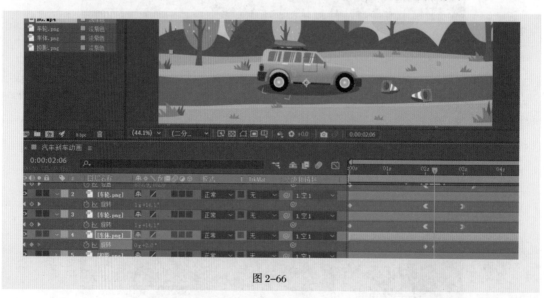

图2-66

（19）单击"空1"图层的"位置"属性左侧的"转到下一个关键帧"按钮 ，把时间指示器定位到"空1"图层的第3个关键帧的位置。单击"车体.png"图层的"添加或移除关键帧"按钮 ，如图2-67所示，这样可以在保持"旋转"属性数值不变的情况下添加1个相同的关键帧。

52

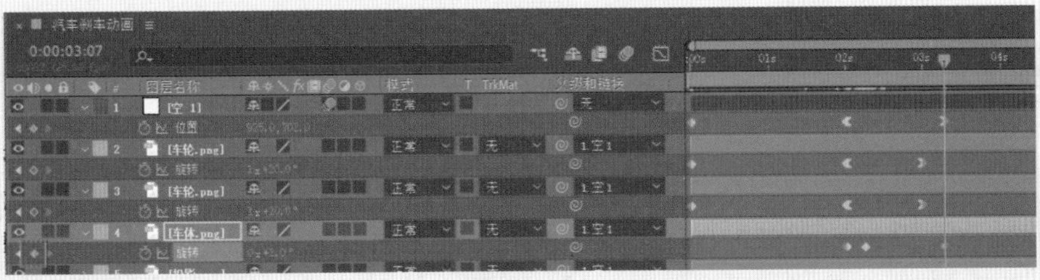

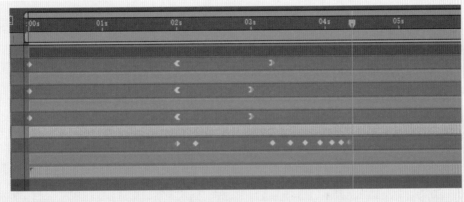

图 2-67

（20）接下来制作汽车车身摇晃的效果。继续往后拖动时间指示器，调整"车体 .png"图层的"旋转"属性的"度数"数值。当"度数"数值为负数时，车身往后倾；当"度数"数值为正数时，车身往前倾。利用此特点，完成后面的车身旋转关键帧动画的制作，如图 2-68 所示。（注意：在拖动"旋转"属性的"度数"数值时，可以按住"Ctrl"键来微调数值，直到数值合适后松开。）

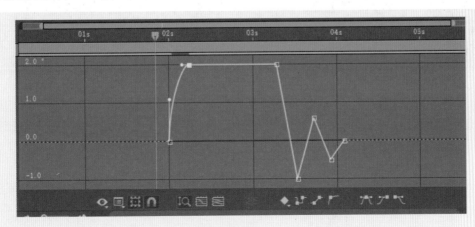

图 2-68

（21）打开图表编辑器，在图表中单击鼠标右键，执行"编辑值图表"命令。选择第 1 个关键帧，单击图表下方的"缓出"按钮 并调整控制手柄。选择第 2 个关键帧，单击图表下方的"缓出"按钮 并调整控制手柄，如图 2-69 所示。选择最后 5 个关键帧，单击图表下方的"缓动"按钮 ，使图表的形态如图 2-70 所示。（"1+X"初级、中级——图表编辑器的调节。）

图 2-69

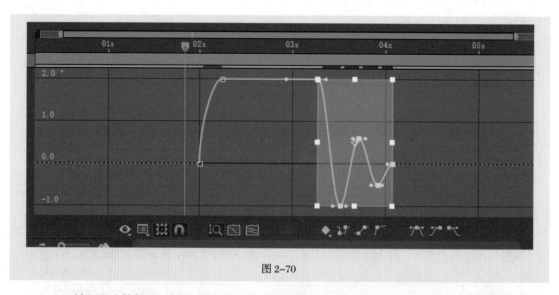

图 2-70

（22）关闭图表编辑器，选择所有图层，使用快捷键"U"展开所有关键帧，可根据动画节奏对关键帧的间距进行适当的调整。开启图层的"运动模糊"开关 并单击"时间轴"面板上方的"启用图层运动模糊"按钮 ，使动画产生运动模糊效果，如图 2-71 所示。（"1+X"初级——运动模糊。）

图 2-71

（23）接下来需要将制作完成的动画输出为视频。在"渲染队列"面板中完成相应的输出设置之后，单击"渲染"按钮开始渲染，如图 2-72 所示。完成汽车刹车动画的制作。

图 2-72

项目小结

　　通过本项目的学习，读者可以对 After Effects 图层的五大变换属性、继承、关键帧动画和图表编辑器有一个大体的了解，能够在制作动画的过程中应用相应的知识点，完成图层设置及动画制作任务。

　　通过对合成的命名、关键帧属性的调整以及动画运动规律的了解等，读者应养成细心、耐心、专心的好习惯，这些习惯在工作中会直接影响团队协作效果与工作效率，对个人未来的职业发展也十分重要。

项目扩展——制作乒乓球运动动画

　　知识要点： 根据所学知识，制作乒乓球的运动动画，并将动画输出为 H.264 编码格式的视频，如图 2-73 所示。（本项目涉及"1+X"初级——图层五大属性、图层继承关系、空对象的作用、关键帧属性等知识点，以及"1+X"高级——关键帧动画、关键帧插值及图表编辑器等知识点。）

　　素材文件： 本任务所需的素材文件位于"项目 2 \ 项目扩展——制作乒乓球运动动画 \ 素材"文件夹中，其中包含"乒乓球 .png""乒乓球台 .png""BGM.mp4"图像文件。

　　案例目标：

　　（1）把所需素材导入"项目"面板；

　　（2）新建合成，根据参考视频调整分辨率、帧速率、时间等参数；

　　（3）把所需素材从"项目"面板拖曳到"时间轴"面板中；

　　（4）给乒乓球添加位移关键帧动画，并调整运动轨迹；

　　（5）打开图表编辑器，调整乒乓球的速度曲线；

　　（6）把制作完成的动画渲染输出为视频。

扫码观看视频

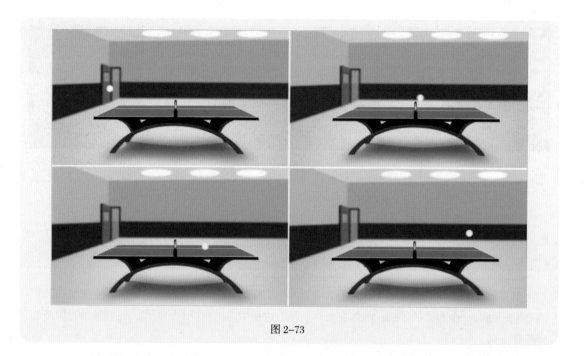

图 2-73

03 ———————————— 项目 3

认识蒙版与遮罩——
形状绘制工具与轨道遮罩

情景引入

　　我们在观看动态图形时经常看到一个物体变成另一个物体，比如可乐瓶变成瓶盖，如图 3-1 所示。看到这种动画时，你想知道它们到底是如何制作的吗? 学习本项目后，读者可以掌握蒙版和遮罩的设置方法，从而掌握这类动画的制作方法。

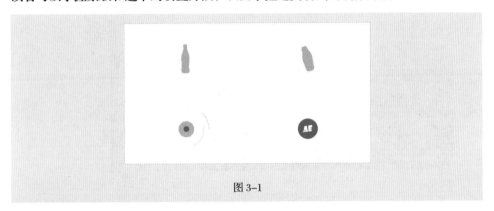

图 3-1

学习目标

知识目标

● 熟练掌握形状绘制工具。（ "1+X" 初级。）
● 熟练掌握混合蒙版。（ "1+X" 初级。）
● 了解 Alpha 遮罩与亮度遮罩的区别。（ "1+X" 初级。）
● 熟练掌握遮罩的使用方法。（ "1+X" 初级、中级。）

技能目标

● 掌握 "可乐瓶变瓶盖动画" 的制作方法。（ "1+X" 初级。）
● 掌握 "LOGO 图标" 的制作方法。（ "1+X" 初级、中级。）

素养目标

● 培养读者的空间想象能力与创新意识。
● 帮助读者形成正确、规范的思维方式。
● 帮助读者掌握项目文件的整理规范。
● 培养读者的综合素质，提高读者的团队合作精神。

扫码观看思维导图

扫码观看视频

相关知识

3.1 蒙版应用

  After Effects 中的蒙版可以用来改变图层的特效；也可以用于修改图层的 Alpha 通道，即修改图层中部分像素的不透明度，如图 3-2 所示；还可以作为文字动画的路径。蒙版的路径分为"开放"和"封闭"两种。"开放"路径的起点与终点不同，它为非循环路径；"封闭"路径则是可循环路径，能够为图层创建透明区域。一个图层可以包含多个蒙版，这些蒙版在"时间轴"面板中的排列顺序会影响蒙版之间的交互效果，可通过拖动蒙版改变蒙版的排列顺序，也可设置蒙版的混合模式。

图 3-2

3.1.1 形状绘制工具

  形状绘制工具有两种，分别是钢笔工具（如图 3-3 所示）和形状工具（如图 3-4 所示）。（"1+X"初、中级——掌握蒙版的创建工具的使用方法和技巧。）

图 3-3   图 3-4

  "钢笔工具" 位于工具栏中（快捷键：G），单击并按住 图标，即可展开该工具集合下的其他工具，此时可以选择其他 4 种工具。（"1+X"初级——掌握钢笔工具的作用和属性构成。）

  （1）"添加'顶点'工具" ：该工具用于在已绘制的路径中添加新的路径点。

  （2）"删除'顶点'工具" ：该工具用于删除蒙版或路径中已绘制的路径点。注意，删除路径点会影响蒙版和路径的形态或者连续性。

  （3）"转换'顶点'工具" ：该工具可以用于将线性点转换为平滑点，并释放两个用来控制路径角度及平滑程度的调节手柄；也可以用于将平滑点转换为线性点，此时调节手柄消失。

（4）"蒙版羽化工具" ：该工具用于调整蒙版边缘的羽化效果。

形状工具包括"矩形工具" ▣、"圆角矩形工具" ▣、"椭圆工具" ⬭、"多边形工具" ⬠ 和"星形工具" ★，单击并按住"矩形工具" ▣，即可展开形状工具集合下的其他工具。使用快捷键 Q 可以激活形状工具或在各个形状工具间进行切换。

3.1.2 蒙版属性设置

蒙版共有 4 个属性，分别为"蒙版路径""蒙版羽化""蒙版不透明度""蒙版扩展"按两下快捷键"M"展开蒙版属性，如图 3-5 所示。（"1+X"初级、中级——了解"蒙版"的作用和属性构成。）

图 3-5

（1）蒙版路径：控制蒙版路径的形态。该属性可以用于制作蒙版路径变化时的关键帧动画。

（2）蒙版羽化：控制蒙版边缘的羽化程度，默认是等比例进行羽化。如果将"比例约束"开关 ⬚ 关闭，则可以进行单轴向的羽化设置。

（3）蒙版不透明度：控制蒙版的不透明程度，与图层的"不透明度"属性类似。

（4）蒙版扩展：控制蒙版边缘的扩展与收缩。

3.1.3 蒙版混合模式

混合蒙版是指通过调整蒙版的混合模式来进行多个形状之间的加减集合计算，单击蒙版右侧的下拉按钮，即可展开蒙版的其他混合模式。蒙版的混合模式一共有 7 种，分别是"无""相加""相减""交集""变亮""变暗""差值"，如图 3-6 所示。（"1+X"初级——掌握混合模式的使用方法，"1+X"初级——了解混合模式的作用和属性构成。）

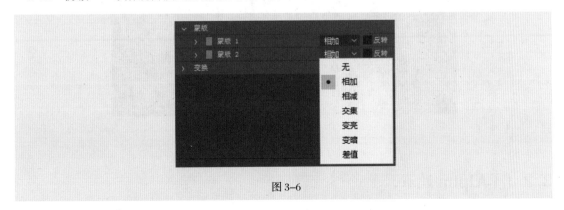

图 3-6

调整蒙版的混合模式时，勾选右侧的"反转"选项可以反转蒙版效果。调整多个蒙版的混合模式可以得到更加复杂的蒙版形状。图 3-7 所示为混合模式的效果示意图，不同的混合模式有不同的作用。

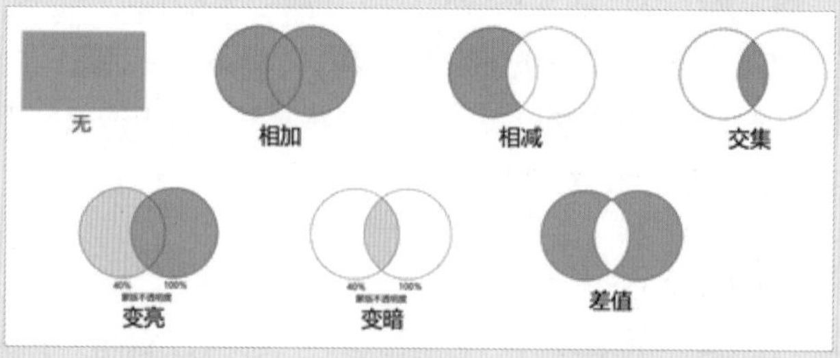

图 3-7

（1）无：使蒙版区域不对图层起作用。

（2）相加：对蒙版区域内的图层起作用。

（3）相减：对蒙版区域外的图层起作用，或减去上层的蒙版区域。

（4）交集：与上层蒙版区域产生交集。

（5）变亮：与"相加"混合模式类似，在多个蒙版区域相交时会保留不透明度值最高的蒙版区域。

（6）变暗：与"交集"混合模式类似，在多个蒙版区域相交时会保留不透明度值最低的蒙版区域。

（7）差值：保留多个蒙版区域的补集，蒙版区域之间的相交区域则不保留。

3.2　轨道遮罩

　　轨道遮罩包含"Alpha"与"亮度"两种遮罩形式。在两个相邻图层中，上方轨道遮罩图层Alpha 通道的透明信息或亮度通道的像素亮度信息可定义下方图层的透明度。图 3-8 所示的人物在场景中出现的效果就是通过轨道遮罩来实现的。

图 3-8

3.2.1　Alpha 遮罩

　　"Alpha"是指图层的透明信息通道，使用 Alpha 通道作为遮罩时，如图 3-9 所示，上方图层中每个像素的透明信息可决定下方图层相应位置的像素的透明度。（"1+X"初级——掌握"Alpha遮罩"的使用方法和技巧。）

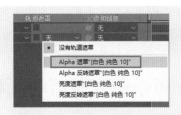

图 3-9

需要注意的是，只有上方图层拥有 Alpha 通道的时候才能使用 "Alpha 遮罩" 模式，否则在下方图层中无法选择需要显示的范围。也可以选择 "Alpha 反转遮罩" 模式，让之前透明的区域不再透明，而让之前不透明的区域变得透明，如图 3-10 所示。

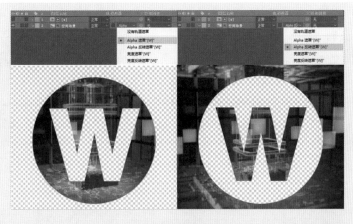

图 3-10

3.2.2　亮度遮罩

"亮度" 是指图层的亮度信息通道，在上方图层没有 Alpha 通道的前提下，我们可以使用 "亮度遮罩" 模式，通过上方图层的黑白亮度关系来决定下方图层的显示结果，如图 3-11 所示。("1+X"初级——掌握 "亮度遮罩" 的使用方法和技巧。)

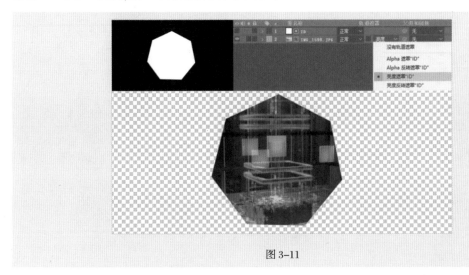

图 3-11

亮度遮罩无须包含 Alpha 通道，但是一般这类素材中包含纯粹的亮度信息，我们可以利用亮度信息进行范围的选择。与 Alpha 遮罩一样，亮度遮罩也有"亮度反转"模式。

项目实施——制作可乐瓶变瓶盖动画和 LOGO 图标

在项目实施部分我们将制作可乐瓶变瓶盖动画以及 LOGO 图标。

任务 1　制作可乐瓶变瓶盖动画

任务目标： 学习使用"钢笔工具" ✒ 绘制蒙版、使用蒙版路径完成动画的制作。

知识要点： 掌握"钢笔工具" ✒ 的使用技巧，使用"蒙版路径"属性制作蒙版路径变化时的关键帧动画，效果如图 3-12 所示。（本任务涉及"1+X"初级、中级——"钢笔工具"绘制知识点以及蒙版路径关键帧动画的知识点。）

扫码观看视频

素材文件： 本任务所需的素材文件位于"项目 3\ 任务 1　制作可乐瓶变瓶盖动画 \ 素材"文件夹中，其中包含"参考图 1.jpg""参考图 2.jpg"图像文件。

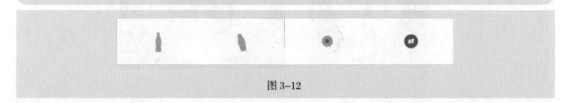

图 3-12

（1）在 After Effects 的"项目"面板中导入"参考图 1.jpg""参考图 2.jpg"这两个文件，如图 3-13 所示，并以"可乐瓶变瓶盖动画"为名保存该项目。

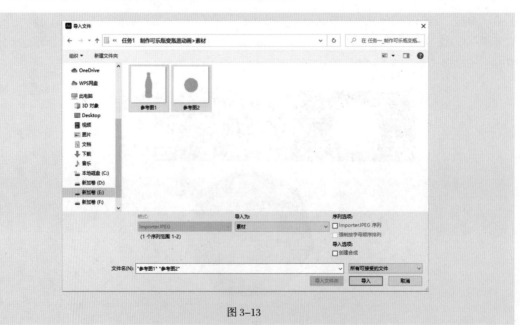

图 3-13

（2）新建一个分辨率为 1920px×1080px、帧速率为 25 帧/秒、时长为 4 秒、名称为"可乐瓶变瓶盖动画"的合成，如图 3-14 所示。

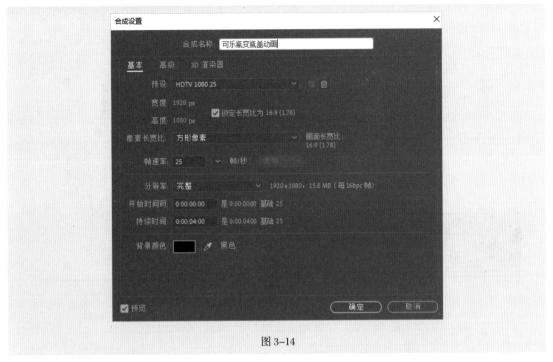

图 3-14

（3）使用组合键"Ctrl+Y"创建一个白色纯色图层，单击"制作合成大小"按钮使该图层与合成匹配，将其作为背景图层并命名为"BG"，如图 3-15 所示。

（4）将"参考图 1.jpg"与"参考图 2.jpg"文件拖入"时间轴"面板中，如图 3-16 所示。

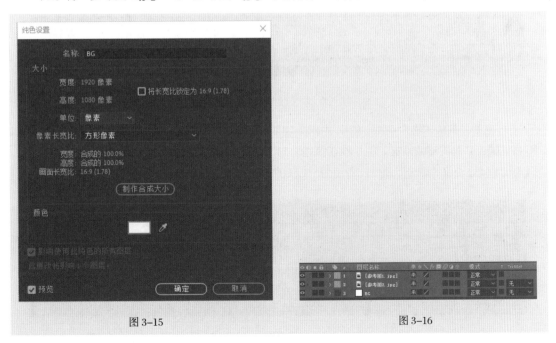

图 3-15　　　　　　　　　　　　　　　　图 3-16

（5）取消图层的选择，使用组合键"Ctrl+Y"创建一个粉色纯色图层，将其作为蒙版图层并命名为"蒙版转换"。根据"参考图 1.jpg"与"参考图 2.jpg"，使用"钢笔工具" 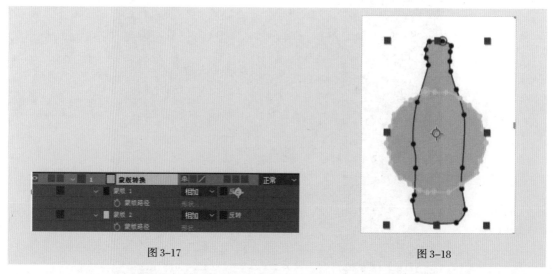 在"蒙版转换"图层上分别绘制瓶子和瓶盖的形状，此时可将"参考图 1.jpg"与"参考图 2.jpg"图层删除。注意绘制时需要拆分为"蒙版 1"与"蒙版 2"，如图 3-17 和图 3-18 所示。（"1+X"初级——"钢笔工具"的使用方法和技巧。）

图 3-17　　　　　　　　　　　　　　　　　图 3-18

（6）在 0 秒 07 帧处选择"蒙版 1"，使用快捷键"M"展开"蒙版路径"属性，单击"蒙版路径"属性左侧的"码表"按钮 ⚪，开启关键帧设置。在 0 秒 17 帧处选择"蒙版 2"，使用组合键"Ctrl+C"复制蒙版路径，单击"蒙版 1"中的"蒙版路径"属性，使用组合键"Ctrl+V"粘贴蒙版路径，并删除"蒙版 2"，如图 3-19 所示。（"1+X"初级——蒙版路径关键帧动画的使用方法和技巧。）

图 3-19

（7）选择"蒙版转换"图层，使用快捷键"R"展开"旋转"属性，单击"旋转"属性左侧的"码表"按钮 ⚪，开启关键帧设置。在 0 秒 0 帧处设置"旋转"属性的数值为 0x+0.0°（1x=360°），在 1 秒 04 帧处设置"旋转"属性的数值为 −1x+0.0°，如图 3-20 所示，效果如图 3-21 所示。

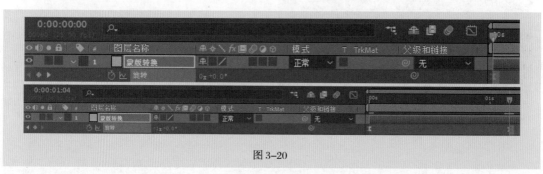

图 3-20

图 3-21

（8）使用组合键"Ctrl+Y"创建一个蓝色纯色图层，并将其命名为"LOGO-底板"，使用形状工具中的"椭圆工具" 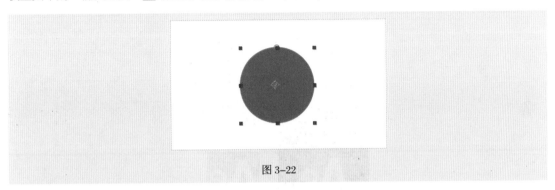 为蓝色纯色图层添加一个蒙版，如图 3-22 所示。

图 3-22

（9）选择"LOGO-底板"图层，使用快捷键"S"展开"缩放"属性，单击其左侧的"码表"按钮 ，开启关键帧设置并制作关键帧动画，在 0 秒 14 帧处设置"缩放"属性的数值为（0.0，0.0）%，在 1 秒 06 帧处设置"缩放"属性的数值为（100.0，100.0）%，如图 3-23 所示。

图 3-23

（10）使用组合键"Ctrl+T"激活文本工具，单击"合成"面板，创建一个文字图层，并输入"AE"。在"段落"面板中单击"居中对齐文本"按钮 ，在"字符"面板中设置合适的字体、字号、字符间距、文字颜色等，使用快捷键"S"展开"缩放"属性，为文字图层添加缩放关键帧动画。在 0 秒 24 帧处设置"缩放"属性的数值为（0.0，0.0）%，在 1 秒 06 帧处设置"缩放"属性的数值为（100.0，100.0）%，如图 3-24 所示。

图 3-24

任务 2　制作 LOGO 图标

任务目标：学习使用蒙版完成图标的制作。

知识要点：掌握蒙版的作用，使用图层蒙版制作 LOGO 图标，效果如图 3-25 所示。（本任务涉及"1+X"初级、中级——形状工具绘制知识点以及蒙版的知识点。）

素材文件：本任务所需的素材文件位于"项目 3\ 任务 2　制作 LOGO 图标 \ 素材"文件夹中，其中包含"参考图 .jpg"图像文件。

扫码观看视频

图 3-25

（1）在 After Effects 的"项目"面板中导入"参考图 .jpg"文件，如图 3-26 所示，并以"LOGO 图标"为名保存该项目。

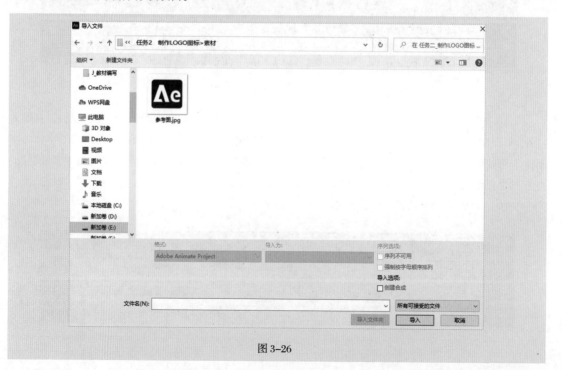

图 3-26

（2）新建一个分辨率为 400px×400px、帧速率为 25 帧 / 秒、时长为 4 秒、名称为 "LOGO 图标" 的合成，如图 3-27 所示。

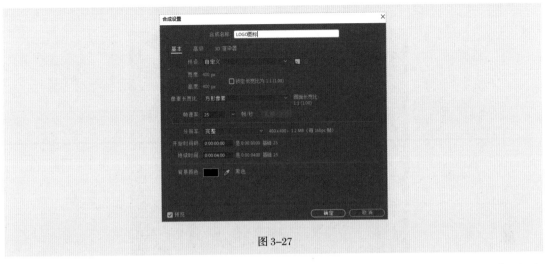

图 3-27

（3）使用组合键 "Ctrl+Y" 创建一个白色纯色图层，单击 "制作合成大小" 按钮使该图层与合成匹配，并将其命名为 "LOGO- 蒙版路径"，再将 "参考图 .jpg" 拖入 "时间轴" 面板中，如图 3-28 所示。

图 3-28

（4）选择 "LOGO- 蒙版路径" 图层，选择 "钢笔工具" ✐，根据参考图绘制蒙版，注意绘制时需要将蒙版拆分为 "蒙版 1" 与 "蒙版 2"，如图 3-29 所示。（"1+X" 初级——掌握绘制蒙版的方法和技巧。）

图 3-29

（5）使用组合键"Ctrl+Y"创建一个深蓝色纯色图层，单击 "制作合成大小"按钮使该图层与合成匹配，并将该图层命名为"LOGO- 深蓝色"，如图 3-30 所示。

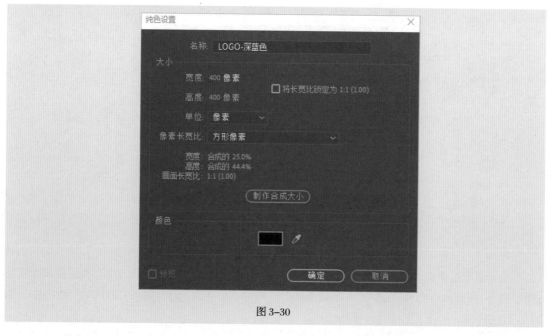

图 3-30

（6）选择"LOGO- 深蓝色"图层，将其放到"LOGO- 蒙版路径"图层下方，此时可将"参考图 .jpg"图层删除。如图 3-31 所示。

（7）选择"LOGO- 深蓝色"图层，单击并按住"矩形工具"■，在工具集合中选择"圆角矩形工具■"，为"LOGO- 深蓝色"图层添加一个矩形蒙版，使其大小与参考图中的深蓝色背景大小相同，如图 3-32 所示。（ "1+X"初级——掌握形状绘制工具的使用方法和技巧。 ）

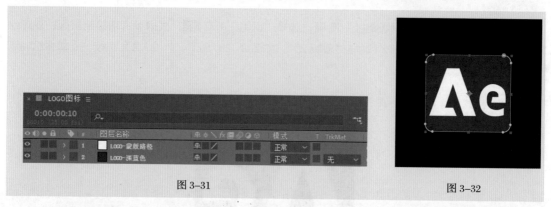

图 3-31   图 3-32

（8）使用组合键"Ctrl+Y"创建一个白色纯色图层，将其作为背景图层并命名为"BG"，再将其放到最下方，图层的排列顺序如图 3-33 所示，最终效果如图 3-34 所示。

（9）接下来需要将制作完成的 LOGO 图标保存为 PNG 格式的单帧图片。使用组合键"Ctrl+Alt+S"将合成添加到"渲染队列"面板中，单击"输出模块"选项右侧的"Photoshop"蓝色文字，如图 3-35 所示。

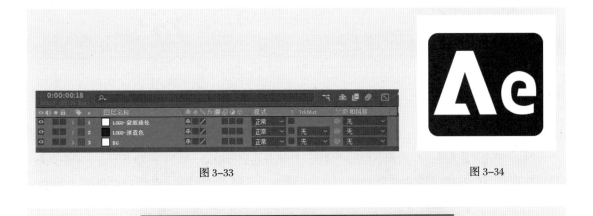

图 3-33　　　　　　　　　　　　　　　　　　　　　图 3-34

图 3-35

（10）在弹出的"输出模块设置"对话框中，将"格式"设置为"'PNG'序列"，如图 3-36 所示，单击"确定"按钮，此时输出模块设置完成。

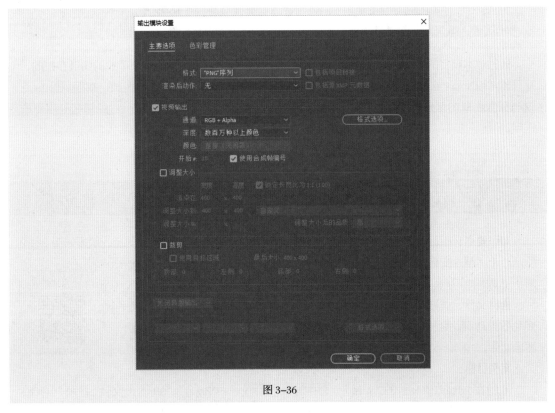

图 3-36

（11）单击"输出到"选项右侧的蓝色文字，在打开的对话框中为输出图片指定位置后，单击"保存"按钮，如图 2-37 所示。

图 3-37

（12）单击"渲染队列"面板右侧的"渲染"按钮开始进行渲染，如图 3-38 所示。渲染完成后，会有清脆的完成提示音（如果出现绵羊提示音，则说明输出失败，需对渲染设置进行检查并重新输出）。此时 LOGO 图标制作完成。

图 3-38

🔧 项目小结

通过对本项目的学习，读者需要明白遮罩不同于蒙版，遮罩是作为一个单独的图层存在的，并且通常用于遮挡下层图层。读者需要熟练使用钢笔工具与形状工具绘制图层，掌握 Alpha 遮罩与亮度遮罩的区别与作用，明白 Alpha 遮罩和亮度遮罩属于轨道遮罩，它们都起到遮罩的作用。

💻 项目扩展——制作照片变化效果动画

知识要点： 根据所学知识，使用 Alpha 遮罩和蒙版制作照片变化效果动画，效果如图 3-39 所示。（"照片变化效果动画涉及"1+X"初级、中级——轨道遮罩、蒙版与形状工具的知识点。）

素材文件： 本任务所需的素材文件位于"项目 3\ 项目扩展——制作照片变化效果动画\素材"文件夹中，其中包含"01.jpg""02.jpg""03.jpg"图像文件。

扫码观看视频

案例目标：

（1）在 After Effects 的"项目"面板中导入"01.jpg""02.jpg""03.jpg"文件，并以"LOGO图标"为名保存该项目；

（2）按上下层关系排列图层，在需要移动的图层的"位置"属性上制作关键帧动画；

（3）图层"01.jpg""02.jpg""03.jpg"有遮挡的部分，新建纯色图层当作通道，选择合适的图层使用 Alpha 通道作为遮罩。

图 3-39

04 ——————————— 项目 4

认识形状图层——
千变万化的形状动画

情景引入

　　我们在观看动态图形时经常能看到放射线动画，如图 4-1 所示。看到这种生动的动画，你想知道它们到底是如何制作的吗？通过学习本项目并掌握形状图层的知识后，你就会掌握这类动画的制作方法。

图 4-1

　　在现实生活中，我们经常看到水杯中水面随着倒水动作而上升的现象，那么我们能否把这一现象制作成动态图形呢？通过学习本项目的知识，掌握形状图层的知识，你会发现原来制作一个我们想要的动画其实很简单。

　　本项目主要介绍 After Effects 中的形状图层的相关知识。通过本项目的学习，读者可以对 After Effects 中形状图层的绘制方法和效果器有一个全面的了解；熟练运用这些功能后，读者能够完成基本的形状图层动画的设计与制作工作。

学习目标

知识目标
- 熟练掌握形状图层的绘制方法与相关属性。（"1+X"初级。）
- 掌握形状图层的效果器的使用。

技能目标
- 掌握"放射线效果动画"的制作方法。（"1+X"初级。）
- 掌握"水面上升效果"的制作方法。（"1+X"初级。）

素养目标
- 培养读者对形状图层动画的制作原理的理解能力。
- 培养读者耐心寻找解决办法的能力。

扫码观看思维导图

扫码观看视频

相关知识

4.1　形状图层的绘制

　　使用形状图层可以方便地创建富有表现力的背景和生动的效果，也可以对形状进行动画处理，为形状应用动画预设、添加副本，以增强它们的效果。形状图层的创建方法与蒙版的创建方法类似，区别在于形状图层无须在图层的基础上进行创建，使用绘图工具绘制形状时会自动创建形状图层，如图 4-2 所示。（"1+X"初级——掌握形状图层的创建方式。）

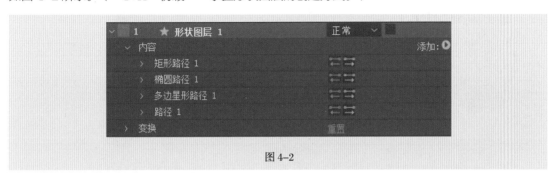

图 4-2

4.1.1　基本形状与属性

　　形状图层的基本形状包括："矩形""椭圆""多边星形""路径"4 种，如图 4-3 所示。若要添加形状图层的内容，则可单击"内容"右侧的"添加"图标 。（"1+X"初级——掌握形状图层的基本形状。）

扫码观看视频

　　（1）矩形：拥有"大小""位置""圆度"3 种属性，如图 4-4 所示。其中，调整"圆度"属性可改变矩形 4 个角的圆滑程度。（"1+X"初级——了解形状图层的基本属性。）

图 4-3　　　　　　　　　　　　　　　　　　　　图 4-4

　　（2）椭圆：拥有"大小"与"位置"两种属性，如图 4-5 所示。其中，"大小"属性由两个轴向组成，可以单独增加或减少某一轴向的数值来改变椭圆的宽高比。将两个轴向设为相同的数值，即可得到圆形。（"1+X"初级——了解形状图层的基本属性。）

　　（3）多边星形：拥有"类型""点""位置""旋转""内径""外径""内圆度""外圆度"8 种属性，如图 4-6 所示。可以改变"类型"为"等角多边形"，也可以通过这些属性调节多边星形的角数、内外角的半径和圆滑程度等。（"1+X"初级——了解形状图层的基本属性。）

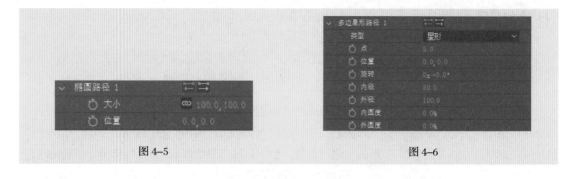

图 4-5　　　　　　　　　　　　　　　　图 4-6

4.1.2　填充与描边

　　形状图层的填充与描边包括："填充""描边""渐变填充""渐变描边"4 种，如图 4-7 所示。若要添加形状图层的内容，则可单击"内容"右侧的"添加"图标 。

图 4-7

　　（1）填充："填充"效果的属性如图 4-8 所示，调整"颜色"属性可改变形状图层的填充颜色，如图 4-9 所示。

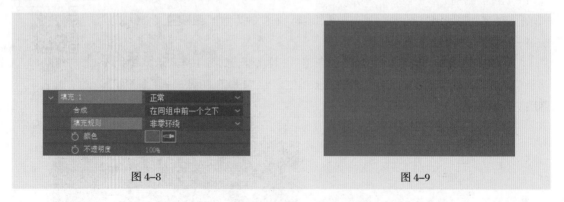

图 4-8　　　　　　　　　　　　　　　　图 4-9

　　（2）描边："描边"效果的属性如图 4-10 所示，通过"描边"效果可以给形状图层的外边缘添加带颜色的线条，如图 4-11 所示。

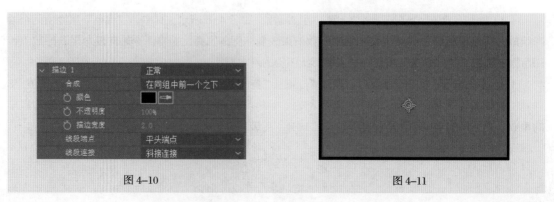

图 4-10　　　　　　　　　　　　　　　图 4-11

（3）渐变填充："渐变填充"效果的属性如图 4-12 所示，与"填充"效果类似，可改变形状图层的填充颜色，并且颜色可以呈现出渐变的效果，如图 4-13 所示。

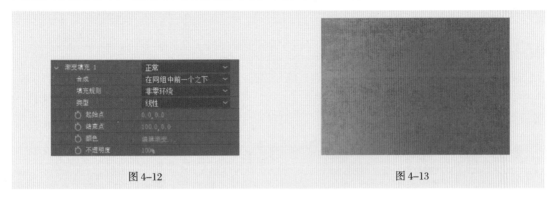

图 4-12　　　　　　　　　　　　　　　　图 4-13

（4）渐变描边："渐变描边"效果的属性如图 4-14 所示，与"描边"效果类似，可给形状图层的外边缘添加带有渐变颜色的线条，如图 4-15 所示。

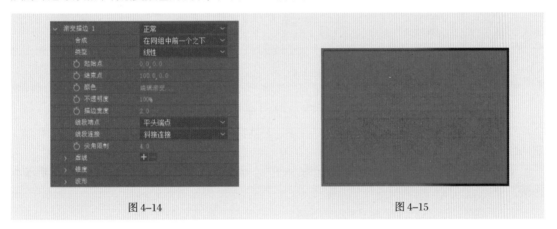

图 4-14　　　　　　　　　　　　　　　　图 4-15

4.1.3　虚线效果

虚线动画是形状图层动画的常见表现形式，想要得到一条虚线，需要先创建一个形状路径，并用"描边"效果进行描边，最后通过调节虚线的属性创造出虚线，如图 4-16 所示。其中"虚线"属性影响虚线与间距的长度，"间隙"属性影响虚线间距，"偏移"属性则可以让虚线移动，如图 4-17 所示。

图 4-16　　　　　　　　　　　　　　　　图 4-17

4.2　形状图层效果器

形状图层拥有许多功能强大的效果器，使用这些效果器可以影响形状路径的形态以及动画效果。

将不同的效果器搭配使用，我们可以制作更为复杂的形状动画，单击"内容"右侧的"添加"图标 ，可看到形状图层的效果器，如图4-18所示。下面分别介绍"合并路径""修剪路径""中继器"以及其他效果器。

4.2.1 合并路径

使用"合并路径"效果器可以通过调整合并路径的模式来进行多个基本形状之间的加减集合计算，合并路径的模式一共有5种，分别是"合并""相加""相减""相交""排除交集"，如图4-19所示。

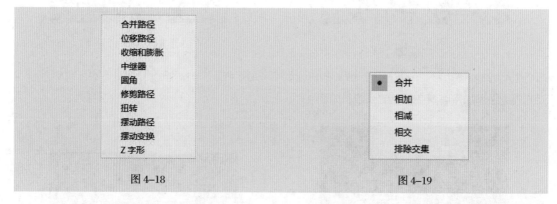

图4-18　　　　　　　　　　　　　　　图4-19

（1）合并：把多个基本形状合并在一起，每个基本形状的"填充""描边"属性都保留。

（2）相加：多个基本形状的"填充""描边"属性相加在一起，重叠的地方原有的形状会改变，它们会融合在一起。

（3）相减：多个基本形状的重叠的地方原有的形状会改变，即上层基本形状会减去下层基本形状。

（4）相交：保留多个基本形状相交的区域。

（5）排除交集：与"相交"相反，保留除相交区域以外的区域。

4.2.2 修剪路径

"修剪路径"是制作形状图层动画时常用到的效果器之一，可以用于制作路径生长动画。"修剪路径"效果器的属性一共有4种，分别是"开始""结束""偏移""修剪多重形状"，如图4-20所示。"开始""结束"属性分别控制路径两端的长短，"偏移"属性控制路径的整体移动。在有多个路径形状时，可通过"修剪多重形状"属性的"同时""单独"选项来控制它们是否一起受"修剪路径"效果器的影响，如图4-21所示。

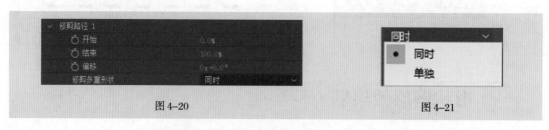

图4-20　　　　　　　　　　　　　　　图4-21

4.2.3　中继器

想拥有相同的多个路径形状时需要用"中继器"效果器来进行复制，其中"副本"属性用来控制复制的数量，"偏移"属性用来调整所有路径形状的位置，如图 4-22 所示。"变换：中继器"用来控制复制出的路径形状，包括"锚点""位置""比例""旋转""起始点不透明度""结束点不透明度"6 个属性。其中，"位置"属性控制复制个体间的距离，"比例"属性控制复制个体的大小，"旋转"属性控制复制个体的旋转角度，"起始点不透明度"与"结束点不透明度"属性控制复制个体从开始到结束的透明度，如图 4-23 所示。（"1+X"初级——了解形状图层的基本属性。）

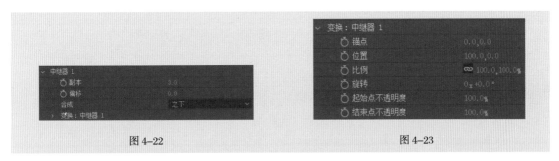

图 4-22　　　　　　　　　　　　　　　　　　　图 4-23

4.2.4　其他效果器

除了前面介绍的效果器，还有"位移路径""收缩和膨胀""圆角""扭转""摆动路径""摆动变换""Z 字形"效果器，如图 4-24 所示。

图 4-24

（1）位移路径：对绘制的路径进行位置上的移动。

（2）收缩和膨胀：在向内弯曲路径的同时将路径的顶点向外拉（也就是收缩），在向外弯曲路径的同时将路径的顶点向内拉（也就是膨胀）。

（3）圆角：设置路径的圆角，"半径"属性数值越大，圆角越大。

（4）扭转：用于旋转路径，中心的旋转幅度比边缘的旋转幅度大，输入正值将顺时针旋转，输入负值将逆时针旋转。

（5）摆动路径：将路径转换为大小不等且随机分布的锯齿状尖峰和凹谷。

（6）摆动变换：随机变换摆动路径的位置、锚点、缩放和旋转效果。

（7）Z 字形：也叫锯齿，将路径转换为大小统一的锯齿状尖峰和凹谷，可以使用"大小"属性设置尖峰与凹谷之间的距离，使用"每段的背脊"属性来设置脊状的数量，还可以使用"点"属性来控制波形边缘的形状。

项目实施——制作放射线动画效果和水面上升效果

任务 1　制作放射线动画效果

任务目标： 导入所需素材，创建合成，在"时间轴"面板中完成放射线动画效果的制作，如图 4-25 所示。

知识要点： 通过绘制形状路径创建形状图层，并用"描边"效果进行描边，最后添加"修剪路径"效果器来调节动画效果。

素材文件： 本任务所需的素材文件位于"项目 4\ 任务 1　制作放射线动画效果 \ 素材"文件夹中，其中包含"礼物盒 .png"图像文件。

扫码观看视频

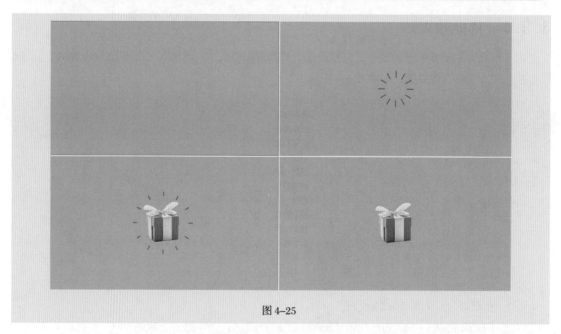

图 4-25

（1）打开 After Effects 后，使用组合键"Ctrl+S"保存项目，将项目命名为"放射线动画效果"，然后选择保存位置对该项目进行保存。项目保存完成后，双击"项目"面板，弹出"导入素材"对话框，选择"礼物盒 .png"文件后，单击"导入"按钮，将素材导入"项目"面板中，如图 4-26 所示。

（2）新建一个分辨率为 1920px×1080px、帧速率为 25 帧 / 秒、时长为 5 秒、名称为"放射线动画效果"的合成，如图 4-27 所示。

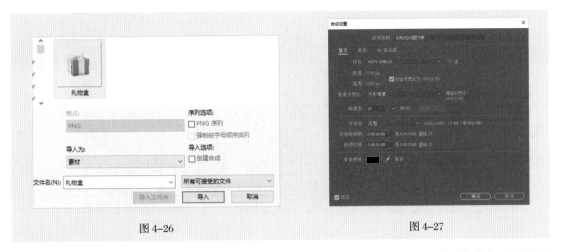

图 4-26　　　　　　　　　　　　　　　　　图 4-27

（3）使用组合键"Ctrl+Y"创建一个粉红色纯色图层，单击 "制作合成大小"按钮使该图层
与合成匹配，将其作为背景图层并命名为"背景"。取消图层的选择，使用"钢笔工具" ✐ 绘制一
根线段，如图 4-28 所示，并将该形状图层的名称修改为"放射线"，如图 4-29 所示。（"1+X"
初级——掌握形状图层的创建方式。）

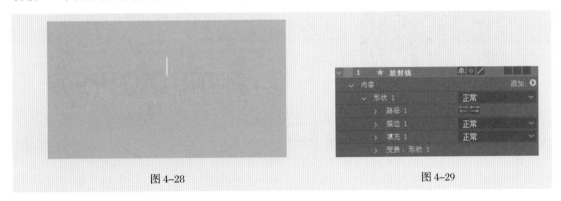

图 4-28　　　　　　　　　　　　　　　　　图 4-29

（4）展开"放射线"形状图层的"描边 1"效果，如图 4-30 所示，将"颜色"属性更改为红色，
如图 4-31 所示。

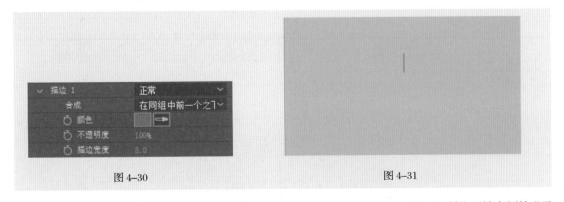

图 4-30　　　　　　　　　　　　　　　　　图 4-31

（5）单击"内容"右侧的"添加"图标 ◖，添加"修剪路径"效果器。单击"开始"属性左侧的"码
表"按钮 ◷，开启关键帧设置，在 0 帧处设置"开始"属性的数值为 100.0%，在 10 帧处设置"开始"
属性的数值为 0.0%。单击"结束"属性左侧的"码表"按钮 ◷，开启关键帧设置，在 3 帧处设置"结束"属性的数值为 100.0%，在 13 帧处设置"结束"属性的数值为 0.0%。框选所有关键帧，按快捷键"F9"，如图 4-32 所示。

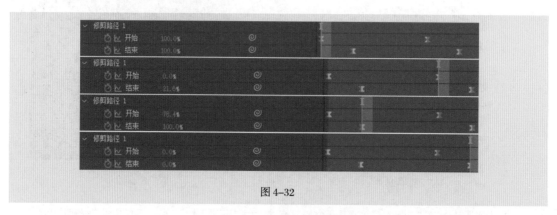

图 4-32

（6）复制多根线段。单击"内容"右侧的"添加"图标 ，添加"中继器"效果器，修改"副本"属性的数值为 12；展开"变换：中继器 1"，将"位置"属性的数值改为（0.0，0.0），将"旋转"属性的数值改为 0x+30.0°，如图 4-33 所示，效果如图 4-34 所示。

图 4-33   图 4-34

（7）将"礼物盒.png"拖入"时间轴"面板中，使用快捷键"S"展开"缩放"属性，单击其左侧的"码表"按钮 ，开启关键帧设置，在 5 帧处设置"缩放"属性的数值为（0.0，0.0）%，如图 4-35 所示，在 10 帧处设置"缩放"属性的数值为（100.0，100.0）%，效果如图 4-36 所示。框选"缩放"属性的关键帧，按快捷键"F9"。（"1+X"初级——掌握形状图层的属性设置。）

图 4-35

图 4-36

任务 2 制作水面上升效果

任务目标： 创建合成，在"时间轴"面板中完成水面上升效果的制作，效果如图 4-37 所示。

扫码观看视频

图 4-37

知识要点： 通过绘制形状路径创建形状图层，并用"Z 字形"效果器进行水面形状的调节，最后使用"位置"属性关键帧来调节动画效果。

素材文件： 本任务所需的素材文件位于"项目 4\ 任务 2　制作水面上升效果 \ 素材"文件夹中。

（1）打开 After Effects 后，使用组合键"Ctrl+S"保存项目，将项目命名为"水面上升效果"，然后选择保存位置对该项目进行保存。新建一个分辨率为 1920px×1080px、帧速率为 25 帧 / 秒、时长为 2 秒、名称为"水面上升效果"的合成，如图 4-38 所示。

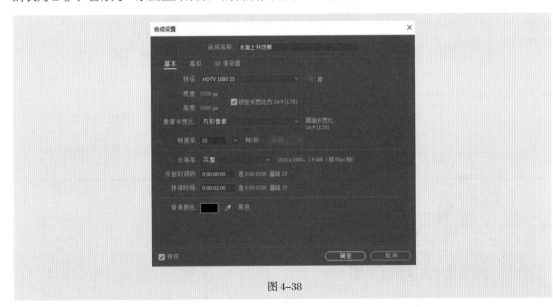

图 4-38

（2）使用组合键"Ctrl+Y"创建一个橘红色纯色图层，单击 "制作合成大小"按钮使该图层与合成匹配，将其作为背景图层并命名为"背景"，如图 4-39 所示。取消图层的选择，使用"钢笔工具" 绘制水杯形状，并将该形状图层的名称修改为"水杯"。然后单击"水杯"形状图层的"填充 1"效果左侧的"显示"开关 ，将"填充 1"效果关闭，如图 4-40 所示。（"1+X"初级——掌握形状图层的创建方式。）

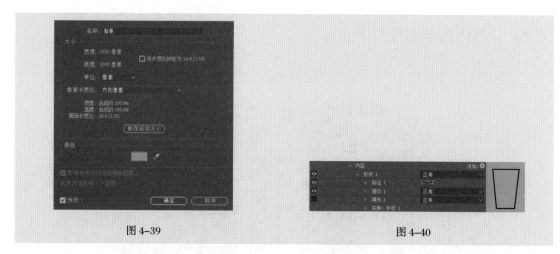

图 4-39	图 4-40

（3）双击添加 图标创建一个形状图层并重命名为"水面"，如图 4-41 所示，展开"水面"形状图层的"填充 1"效果，将填充颜色更改为蓝色，如图 4-42 所示。

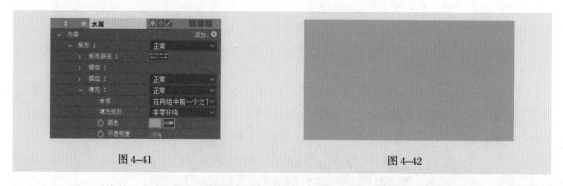

图 4-41	图 4-42

（4）展开"变换：矩形 1"，单击"比例"属性右侧的"约束比例"按钮，修改"比例"属性的数值为（100.0,30.0）%，如图 4-43 所示。然后单击"位置"属性左侧的"码表"按钮，开启关键帧设置，在 0 秒处设置"位置"属性的数值为（0.0,350.0），在 1 秒处设置"位置"属性的数值为（300.0,35.0），效果如图 4-44 所示。（"1+X"初级——掌握形状图层的属性设置。）

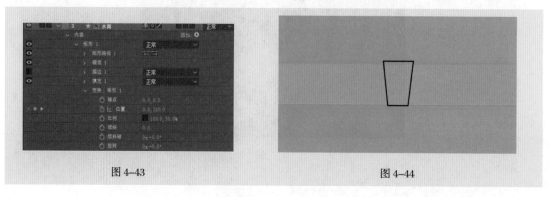

图 4-43	图 4-44

（5）单击"内容"右侧的"添加"图标，添加"Z 字形"效果器，添加后"Z 字形"显示为"锯齿 1"，如图 4-45 所示，单击"大小"属性左侧的"码表"按钮开启，关键帧设置，在 13 帧处设置"大小"属性的数值为 30.0，在 25 帧处设置"大小"属性的数值为 0.0，修改"每段的背脊"属性的数值为 30.0，效果如图 4-46 所示。

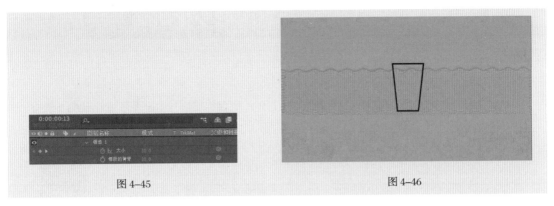

<table>
<tr><td>图 4-45</td><td>图 4-46</td></tr>
</table>

（6）选择"水杯"形状图层，使用组合键"Ctrl+D"复制该图层，并将该图层重命名为"水杯蒙版"。在该图层的"填充 1"效果左侧单击，重新显示"显示"开关 ，将"填充 1"效果开启，如图 4-47 所示，将填充颜色更改为白色。

图 4-47

（7）将"水面"形状图层的"轨道遮罩"修改为"Alpha 遮罩'水杯蒙版'"，如图 4-48 所示，将"水杯蒙版"图层作为 Alpha 遮罩，使"水面"形状图层在其范围内显示，效果如图 4-49 所示。（"1+X"初级——轨道遮罩的应用方法。）

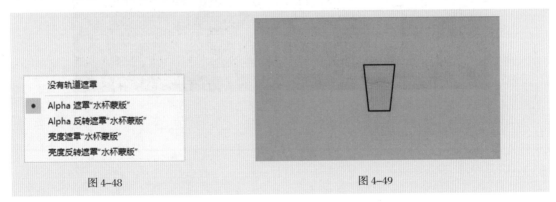

<table>
<tr><td>图 4-48</td><td>图 4-49</td></tr>
</table>

📖 项目小结

通过本项目的学习，读者可以熟练掌握形状图层的绘制方法和多种效果器的使用方法，还可以了解形状图层在动态图形制作中的作用。形状图层的每个属性虽然都很简单，但是使用频率很高，所以读者需要熟练掌握。

项目扩展——动态图形变化动画

知识要点：根据所学知识，制作动态图形变化动画，并将制作完成的动画输出为 H.264 编码格式的视频，如图 4-50 所示。

素材文件：本任务所需的素材文件位于"项目 4\ 项目扩展——动态图形变化动画 \ 素材"文件夹中，其中包含"音效 .mp3"以及"背景音乐 .mp3"音频文件。

案例目标：

（1）观看"动态图形变化动画 .mov"视频，分析该动画的制作思路；

（2）新建一个分辨率为 1920px×1080px、帧速率为 25 帧 / 秒、时长为 5 秒、名称为"动态图形变化动画"的合成；

（3）用形状工具绘制图形并制作关键帧动画；

（4）利用形状图层效果器进一步完善动画效果；

（5）加入音频素材，并使其与画面效果相匹配。

扫码观看视频

84

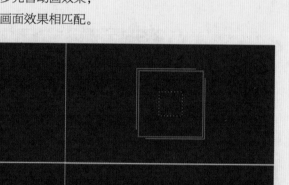

图 4-50

认识文字动画——
生动有趣的文字变化效果

情景引入

　　我们在观看文字动画时经常能看到文字的变化，看到这些文字变化时你想知道它们是如何被制造出来的吗。通过学习本项目的知识，并掌握文字的创建与控制后，读者就能更好地控制文字，顺利掌握视频项目中与文字控制相关的制作技能。本项目主要介绍文字的创建与操控，重点讲解文字动画的制作与操控，如图 5-1 所示。

图 5-1

学习目标

知识目标
● 掌握 After Effects 中创建文字的方法。（"1+X"初级。）
● 了解 After Effects 中文字自身可以产生的变化。（"1+X"初级。）
● 了解 After Effects 中文字和路径之间可以产生的联系。
● 掌握 After Effects 中对针对文字的控制操作。（"1+X"初级。）

技能目标
● 学会"文字翻转运动动画"的制作方法。
● 学会"科技文字变换动画"的制作方法。

素养目标
● 帮助读者理解文字辅助传递信息的概念。
● 帮助读者理解文字动画的制作原理。

扫码观看思维导图

扫码观看视频

相关知识

5.1　文字的创建与设置

文字是视频的重要组成部分，通过文字，我们可以将许多重要的信息直接传达给观众。After Effects 中的文字动画的制作在整个视频制作环节中非常重要，文字的创建与设置也是最基础的环节。（"1+X"初级——文字的创建与设置。）

5.1.1　文字工具

在 After Effects 中，创建文字的方法有 3 种。第一种方法是单击工具栏中的文字工具，文字工具有"横排文字工具" T 和"直排文字工具" IT 两种，如图 5-2 所示。（"1+X"初级——文字的创建与设置。）

图 5-2

使用"横排文字工具" T 可以横向书写文字，使用"直排文字工具" IT 可以竖向书写文字。当选择其中一种文字工具并在画面中拖曳时，可以创建出一个带有 8 个方形控制点的文字框，输入的文字将被限制在这个文字框内，如图 5-3 所示。

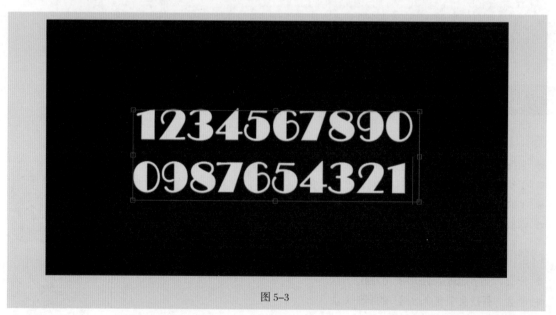

图 5-3

除此之外，After Effects 中还存在另外两种创建文字的方法。一种创建方法是在菜单栏中执行"图层 > 新建 > 文本"命令，如图 5-4 所示，此时创建的文字为横排模式。另一种创建方法则是在"时间轴"面板中单击鼠标右键，执行"新建 > 文本"命令，如图 5-5 所示，此时创建的文字为横排模式。

图 5-4

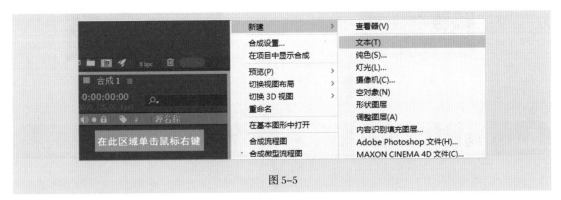

图 5-5

5.1.2　字符与段落

在 After Effects 中调整文字的字符形式，需要打开"字符"面板。在菜单栏中执行"窗口 > 字符"命令，如图 5-6 所示，即可调出"字符"面板。（"1+X"初级——文字的创建与设置。）

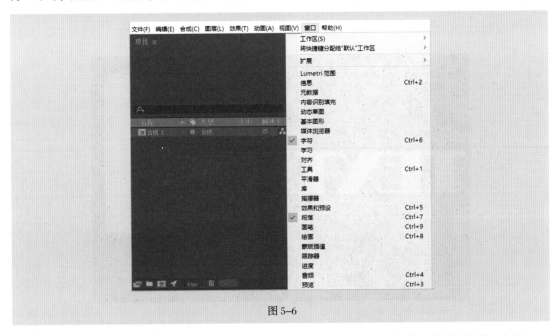

图 5-6

在"字符"面板中可以对文字的字体、颜色、描边、大小、拉伸、加粗等属性进行调节，如图 5-7 所示。

在 After Effects 中调整文字的段落形式，需要打开"段落"面板。在菜单栏中执行"窗口 > 段落"命令，即可调出"段落"面板，如图 5-8 所示。

在"段落"面板中可以进行文字段落的调节，比如位置居中、偏移、缩进等。

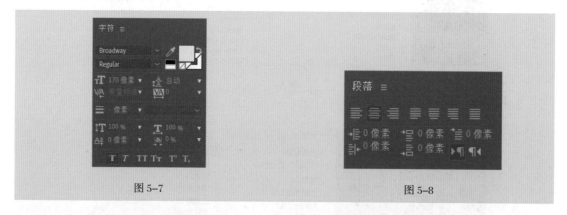

图 5-7   图 5-8

5.2   动画文字编辑器

在 After Effects 中，文字系统拥有非常丰富的动画效果可供选择，利用动画文字编辑器可以制作项目所需的文字动画效果。（"1+X"初级——文字的创建与设置。）

5.2.1   文字动画效果

文字有自己的一套动画系统，可以通过添加多种文字动画效果来调节动画，实现丰富多彩的文字动画效果。在创建文字后用鼠标右键单击文字的周围区域，"动画文字"子菜单中会出现文字动画效果，如图 5-9 所示。

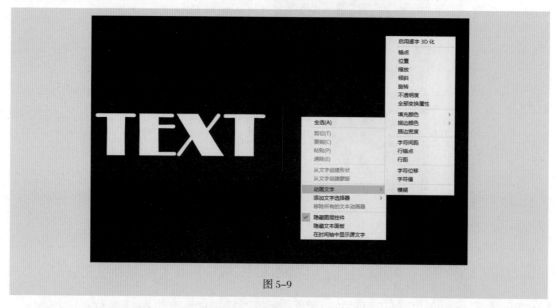

图 5-9

我们也可以在"时间轴"面板中单击文字图层的"文本"右侧的"动画"图标 ，如图 5-10 所示，添加文字动画效果。

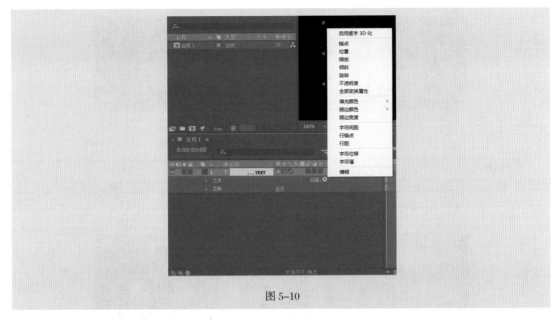

图 5-10

文字动画效果有以下 17 种。

（1）启用逐字 3D 化：将每一个字符的三维属性的开关开启，使字符拥有三维特征。

（2）锚点：可用于控制字符锚点的动画效果。

（3）位置：可用于制作字符的位移动画。

（4）缩放：可用于制作字符的缩放动画。

（5）倾斜：可用于制作字符的倾斜动画。

（6）旋转：可用于制作字符的旋转动画。

（7）不透明度：可用于制作字符的透明度变化动画。

（8）全部变换属性：同时添加以上所有动画效果。

（9）填充颜色：可以设置字符填充的 RGB 颜色、色调、饱和度、明度、透明度。

（10）描边颜色：可以设置字符描边的 RGB 颜色、色调、饱和度、明度、透明度。

（11）描边宽度：可用于制作字符的描边宽度动画。

（12）字符间距：可用于制作字符间距的动画。

（13）行锚点：控制行的锚点。

（14）行距：控制行的距离。

（15）字符位移：可用于制作字符内容的偏移改变动画，比如先输入 "12345678"，使用 "字符位移" 动画效果让 "1234" 偏移 4 个单位，则会显示 "5678"。

（16）字符值：可用于改变文本的字符值。

（17）模糊：可用于制作字符模糊动画。

5.2.2　文字动画制作工具

添加需要的文字后，可以进行文字效果的动画制作。例如，创建一个文字图层，为文字添加 "模糊" 动画效果，在 "时间轴" 面板中对 "模糊" 属性的数值进行调整，如调整为（30.0，30.0），如图 5-11 所示，它们就组成了一个动画制作工具并即时产生了效果。

扫码观看视频

图 5-11

在创建出一个动画制作工具后，还可以在其中增加新的动画文字属性。继续为文字添加"行锚点"动画效果和"字符间距"动画效果，并调节"行锚点"属性数值为 50%、"字符间距类型"属性为"之前和之后"，使文字从中间向两边扩大间距，如图 5-12 所示。

图 5-12

5.2.3 选择器

文字除了可以添加动画效果外，还可以添加选择器，在创建文字图层后，用鼠标右键单击文字的周围区域，或在"时间轴"面板中单击文字图层的"文本"右侧的"动画"图标 ▶，选择"添加文字选择器"，如图 5-13 所示，会分别出现范围、摆动、表达式 3 个选项。

图 5-13

（1）范围：可以使动画效果只在设定好的范围内起作用。

（2）摆动：可以使文字的动画效果呈现出摆动状态。

（3）表达式：可以为文字添加表达式，以控制动画效果。

5.3 文字路径动画

在 After Effects 中，文字沿着设定好的路径进行移动的动画叫作"文字路径动画"。为文字设定一条路径，通过调节相应参数，即可实现使文字沿着路径移动或沿着路径分布的效果。

5.3.1 添加动画文字属性

在"时间轴"面板中的文字图层上用"钢笔工具" 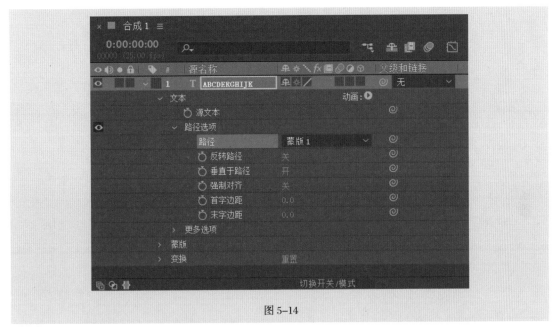绘制路径，单击"路径选项"左侧的箭头按钮，在"路径"属性右侧的下拉列表中选择"蒙版 1"，如图 5-14 所示。

图 5-14

（1）反转路径：使文字在路径上翻转，如图 5-15 所示。

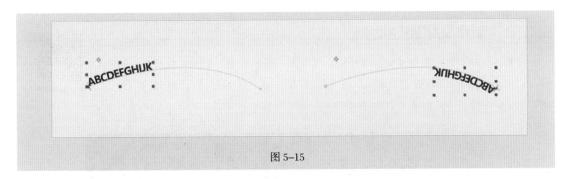

图 5-15

（2）垂直于路径：使文字垂直于路径，如图 5-16 所示。

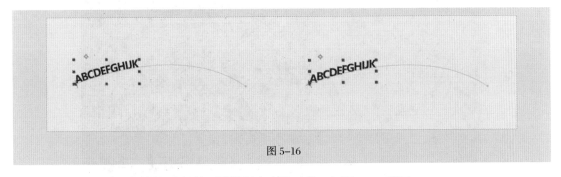

图 5-16

（3）强制对齐：强制在路径的两端进行文字的对齐，如图 5-17 所示。

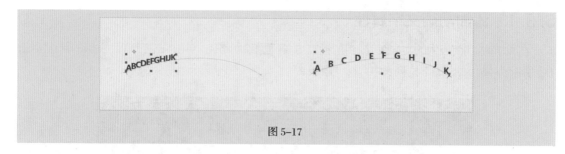

图 5-17

（4）首字边距：在"强制对齐"属性开启时控制路径起点处的文字距离，如图 5-18 所示。

图 5-18

（5）末字边距：在"强制对齐"属性开启时控制路径终点处的文字距离，如图 5-19 所示。

图 5-19

5.3.2　制作文字路径动画

在"时间轴"面板中设置文字路径后，可以为"路径选项"中的"首字边距"和"末字边距"属性制作关键帧动画，对"首字边距"属性的数值进行变化设置后，文字就可以在路径上动起来了，如图 5-20 所示。

扫码观看视频

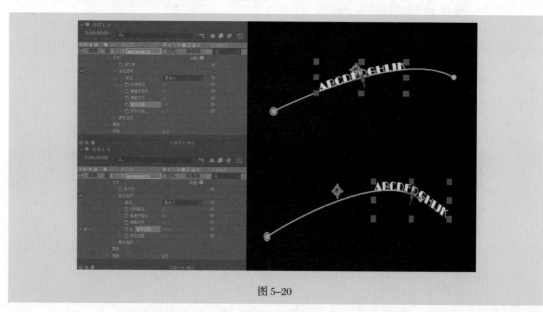

图 5-20

5.4 文字动画预设

在菜单栏中执行"窗口 > 效果和预设"命令，如图 5-21 所示，激活"效果和预设"面板后展开"动画预设"，在"Text"（文字）中可以选择所需的文字动画预设。在"时间轴"面板中选择需要添加文字动画预设的文字图层，找到"Text>Animate In> 中央螺旋"并双击，即可添加文字预设动画，如图 5-22 所示。

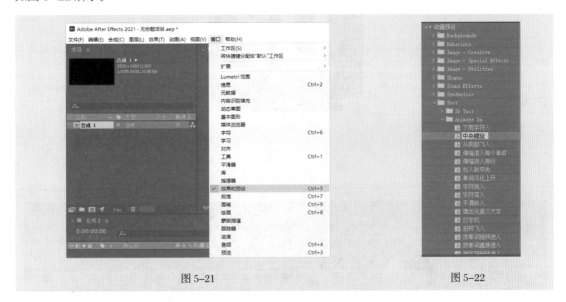

图 5-21　　　　　　　　　　　　　　　　　　　图 5-22

按照箭头方向拖动时间指示器，如图 5-23 所示，画面会跟随拖动产生旋转的效果，如图 5-24 所示。

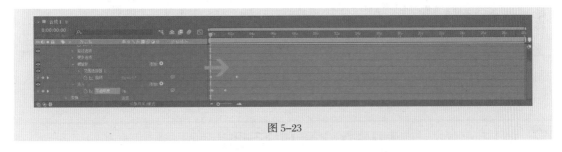

图 5-23

图 5-24

如果计算机中安装了与 After Effects 同一版本的 Bridge，如图 5-25 所示，则可通过在 After Effects 的菜单栏中执行"动画 > 浏览预设"命令打开 Bridge，在该软件的"内容"面板中打开"Text"文件夹，可预览及调用该文件夹中的文字动画预设，如图 5-26 所示。

图 5-25

图 5-26

🎯 项目实施——制作文字翻转运动动画

任务 1 学习使用文字图层

任务目标：学习使用文字图层。

知识要点：学习设置文字图层的属性，制作文字基本样式，效果如图 5-27 所示。

素材文件：本任务所需的参考素材文件位于"项目 5\ 任务 1 学习使用文字图层\ 素材"文件夹中，其中包含"文字翻转运动动画 .mp4"视频文件。

扫码观看视频

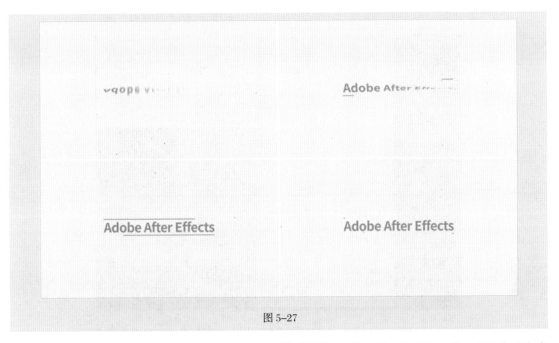

图 5-27

（1）新建一个分辨率为 1920px×1080px、帧速率为 25 帧 / 秒、时长为 5 秒、名称为"文字翻转运动动画"的合成，如图 5-28 所示。

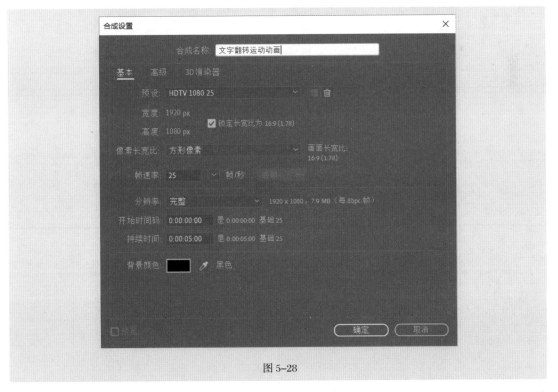

图 5-28

（2）在菜单栏中执行"图层 > 新建 > 纯色"命令，如图 5-29 所示。创建一个纯色图层并将其命名为"BG"，单击色块进行纯色图层的颜色设置，在 # 文本框中输入颜色数值"FFF3DA"，单击"确定"按钮完成设置，如图 5-30 所示。

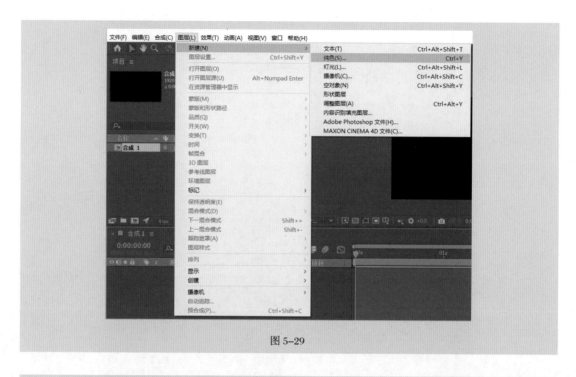

图 5-29

图 5-30

（3）在菜单栏中执行"图层 > 新建 > 文本"命令，创建一个文字图层并输入"Adobe After Effects"；在菜单栏中执行"窗口 > 字符"命令，打开"字符"面板，单击色块后将颜色数值修改为"FF0000"，如图 5-31 和图 5-32 所示。

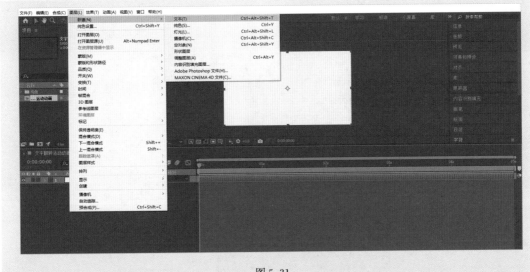

图 5-31

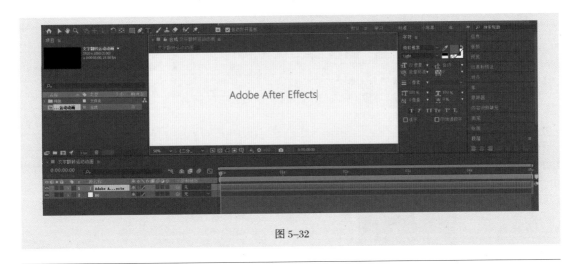

图 5-32

任务 2　设置文字动画效果

任务目标： 学习使用文字动画效果、范围选择器完成动画的制作。

知识要点： 通过添加文字动画效果和利用范围选择器完成文字翻转运动动画的制作。

素材文件： 本任务所需的参考素材文件位于"项目 5\ 任务 2　设置文字动画效果 \ 素材"文件夹中，其中包含"文字翻转运动动画 .mp4"视频文件。

扫码观看视频

（1）在"时间轴"面板中找到文字图层后单击"文本"右侧的"动画"图标 ，为文字图层添加"行锚点"动画效果，如图 5-33 所示，并适当调整该效果的数值，使锚点位于文字的中心。

（2）在"时间轴"面板中找到文字图层后单击"文本"右侧的"动画"图标 ，为文字图层添加"启用逐字 3D 化"动画效果。回到基本文字图层后单击"文本"右侧的"动画"图标 ，为其添加"缩放"动画效果并将其数值设置为（0.0，0.0，0.0）%，此时该效果位于"动画制作工具2"中，如图5-34所示。

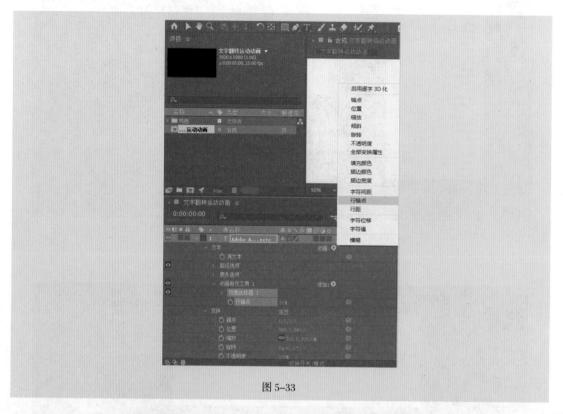

图5-33

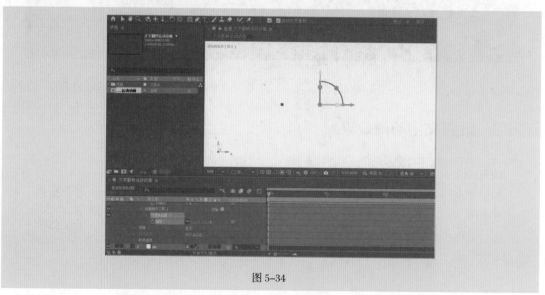

图5-34

（3）单击"动画制作工具2"右侧的"添加"图标 ，为文字图层的"动画制作工具2"添加"属性"选项中的"旋转""不透明度""模糊"属性，以及"选择器"选项中的"表达式"选择器，具体操作如图5-35所示，具体数值如图5-36所示。

图 5-35

图 5-36

99

（4）为"动画制作工具 2"的"范围选择器 1"中的"起始"属性制作关键帧动画，单击"起始"属性左侧的"码表"按钮⬤，开启关键帧设置，0 秒处的"起始"属性数值为 0%，1 秒处的"起始"属性数值为 100%，如图 5-37 所示。

（5）展开"动画制作工具 2"的"范围选择器 1"中的"高级"，将"依据"属性设置为"行"，如图 5-38 所示。

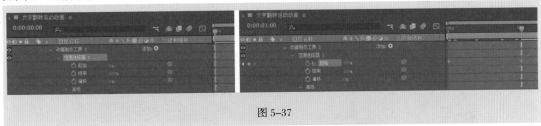

图 5-37

图 5-38

（6）为文字图层的"变换"属性添加"X 轴旋转"关键帧动画，0 秒处的"X 轴旋转"属性数值为 0x+90.0°，1 秒处的"X 轴旋转"属性数值为 0x+0.0°，如图 5-39 所示。

图 5-39

（7）在菜单栏中执行"图层 > 新建 > 形状图层"命令，创建一个形状图层，选择此形状图层，使用"钢笔工具" 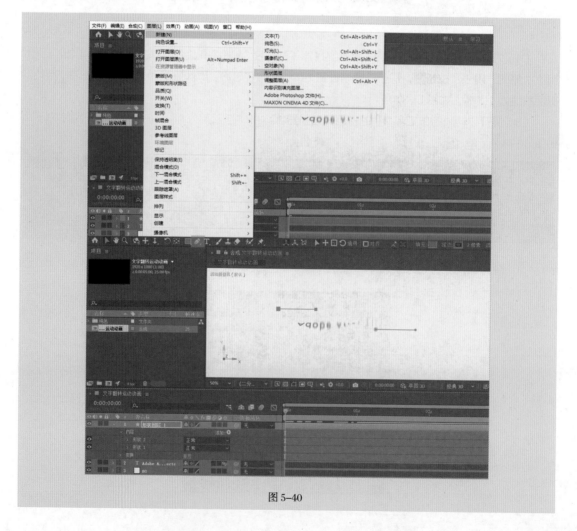 在文字上下位置分别画一条直线，并为形状图层添加"修剪路径"动画效果，如图 5-40 所示。

图 5-40

（8）接下来需要将制作完成的动画输出为视频。使用组合键"Ctrl+M"将合成添加到"渲染队列"面板中，单击"输出模块"选项右侧的"无损"蓝色文字，在弹出的"输出模块设置"对话框中，将"格式"设置为"QuickTime"，再单击"格式选项"按钮，将"视频编解码器"选项设置为"动画"后，单击"确定"按钮，如图 5-41 所示。

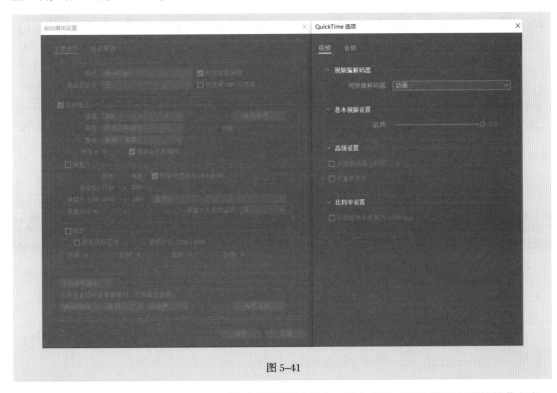

图 5-41

（9）再次单击"确定"按钮，此时输出模块设置完成，单击"输出到"选项右侧的蓝色文字，为输出视频指定位置后，单击"保存"按钮，如图 5-42 所示。

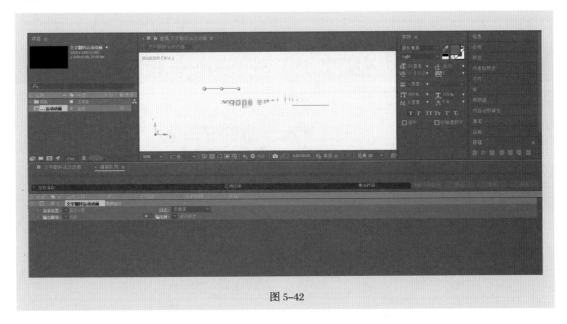

图 5-42

（10）单击"渲染队列"面板右侧的"渲染"按钮开始进行渲染，如图5-43所示。渲染完成后，会有清脆的完成提示音（如果出现绵羊提示音，则说明输出失败，需对渲染设置进行检查并重新输出）。此时文字翻转运动动画就制作完成了。

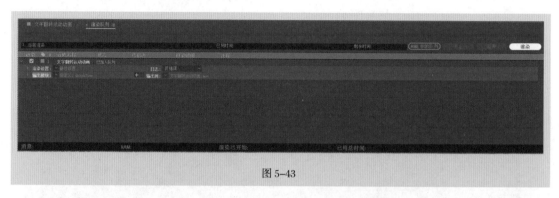

图 5-43

项目小结

通过本项目的学习，读者可以了解文字动画的制作方法，熟悉After Effects中与文字相关的各种属性的添加与设置。通过对After Effects中文字动画制作方法的学习，读者可以掌握文字动画在影视后期特效中的运用和软件的基本操作。

文字在传递信息的过程中有着重要的作用，通过对After Effects中文字动画的深入学习和认识，读者可不断提升自己在影视后期行业中的创作能力和对软件的应用能力。

学习本项目后，读者需要熟练掌握After Effects中文字的各种效果的添加方法与属性的调节方法，此外读者还需要了解文字图层、纯色图层、形状图层的添加方法，路径动画各属性的含义及文字动画的制作等基本知识点，并需要融会贯通、灵活运用这些知识点。

项目扩展——制作科技文字变换动画

知识要点：熟悉文字图层的动画属性、选择器、字符与段落的设置，效果如图5-44所示。参照素材视频进行动画的创建。（"1+X"初级——文字的创建与设置。）

素材文件：本任务所需的参考素材文件位于"项目5\项目扩展—制作科技文字变换动画\素材"文件夹中，其中包含"制作科技文字变换动画.mp4"视频文件、"地球.mov"视频文件。

扫码观看视频

案例目标：

（1）导入素材，创建合成；

（2）依次创建文字图层与形状图层，并对选择器、段落、字符、时间线进行编辑；

（3）渲染输出视频。

图 5-44

06 ——————————————— 项目 6

认识三维图层——
三维空间的运用

情景引入

在现实生活中，我们看到的影像全是三维的。由长、宽、高 3 个维度所构成的空间，即三维空间。摄像机、照相机等设备拍摄的画面都是二维的，只有上下、左右两个方向，不存在前后关系。我们可以把一张纸上的内容理解为二维内容，即只有 x 轴和 y 轴形成的一个平面，它只有面积没有体积。三维空间则是在二维平面中加入一个方向向量构成的一个空间系，即有 3 个坐标轴，x 轴、y 轴、z 轴，其中 x 轴表示左右空间，y 轴表示上下空间，z 轴表示前后空间，能给人以立体感。

After Effects 是一款基于图层进行制作的软件，它通过开启图层的三维开关增加一个 z 轴，用多个图层搭建出具有立体感的物体，从而形成空间感，并利用人视觉的错位现象，表现出虚拟的三维空间。

本项目主要介绍三维空间的运用，并详细讲解 **After Effects** 中的三维空间的搭建、摄像机和灯光的使用。

学习目标

知识目标

● 了解三维属性的特点。
● 掌握对三维空间进行解析的能力。
● 掌握 After Effects 中三维图层、摄像机动画及灯光的基本操作。

技能目标

● 学会使用三维图层制作动画。（"1+X"初级。）
● 学会使用三维属性解析空间关系。
● 学会使用摄像机的属性制作摄像机动画。（"1+X"初级。）
● 学会使用灯光的属性制作光影效果。（"1+X"中级。）

素养目标

● 培养读者对三维空间关系的理解能力。
● 提升读者对摄像机动画的表现能力和对灯光的使用能力。

扫码观看思维导图

扫码观看视频

相关知识

6.1　三维空间与三维图层

　　二维平面包含 x 轴（横向）与 y 轴（纵向）两个轴向，而三维空间不仅包含 x 轴与 y 轴两个轴向，还包含 z 轴（深度）轴向。在 After Effects 中，如果将图层设置为 3D 图层模式，则可以通过调整图层的三维变换属性，并结合不同的光照效果和摄像机角度，创作出包含空间运动、光影、透视以及聚焦等效果的三维动画作品。

6.1.1　三维属性

　　在"时间轴"面板中单击图层右侧的"3D 图层"开关，可开启或关闭该图层的三维属性，如图 6-1 所示。

图 6-1

　　开启图层的三维属性之后，该图层在"合成"面板中的中心点坐标轴会转换为三维坐标轴，此时图层的"锚点""位置""缩放"属性多了一个新的轴向（Z 轴）数值，"旋转"属性也被分为3 个轴向，同时新增了一个"方向"属性，这个属性可以用于调整三维图层的角度。通过调整"方向"属性为图层设定起始角度或目标角度，再使用 3 个轴向的"旋转"属性为图层设定旋转路线，就可以更方便地制作旋转动画，如图 6-2 所示。

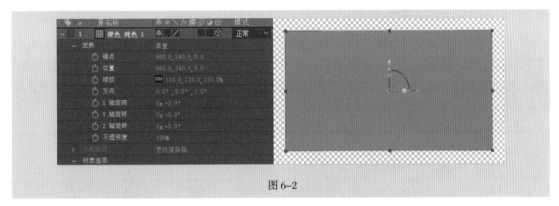

图 6-2

6.1.2　三维图层的材质属性

　　"材质选项"中的属性用来设置三维图层与灯光、阴影以及摄像机交互的方式，如图 6-3 所示。

扫码观看视频

　　（1）投影：指定图层是否在其他图层上产生投影，需结合灯光使用。（"1+X"初级。）

　　（2）透光率：将图层颜色投射在其他图层上作为阴影。

　　（3）接受阴影：指定图层是否显示其他图层投射的投影。

（4）接受灯光：指定灯光是否影响该图层的亮度及颜色。

（5）环境：图层的环境反射，可调整图层的环境亮度。

（6）漫射：图层的漫反射。

（7）镜面强度：指定图层的镜面反射强度。

（8）镜面反光度：指定镜面高光的大小。

（9）金属质感：指定图层高光中的图层颜色与光照颜色的比例。

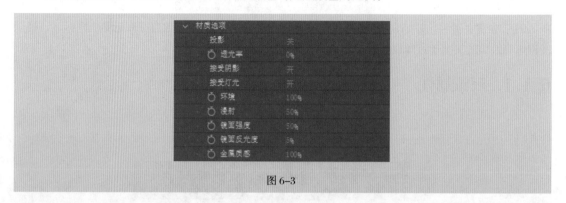

图 6-3

106

6.2 摄像机

在 After Effects 中，可以通过摄像机从任何角度和距离查看三维图层，也可以利用摄像机的特性来进行镜头的转换与切换，还可以使用摄像机为三维图层制作景深效果等。（"1+X"中级——了解"摄像机"的作用和属性构成。）

6.2.1 摄像机的基本参数

摄像机的创建方法与其他图层的创建方法类似，可以在"时间轴"面板中的空白处单击鼠标右键并执行"新建 > 摄像机"命令，或在菜单栏中执行"图层 > 新建 > 摄像机"命令，也可以在"合成"面板中使用组合键"Ctrl+Alt+Shift+C"创建摄像机。在"摄像机设置"对话框中，可以根据已知条件或基本需求，预先设定摄像机的基本参数，如图 6-4 所示。

（1）类型：摄像机的类型，可选择"单节点摄像机"或"双节点摄像机"。

（2）名称：摄像机的名称。

（3）预设：摄像机的常用预设。

（4）缩放：从摄像机镜头到图像平面的距离。（"1+X"初级。）

（5）视角：在图像中捕获的场景的宽度。（"1+X"初级。）

（6）启用景深：开启摄像机聚焦范围外的模糊效果。

（7）焦距（焦点距离）：从摄像机镜头到图像平面的完全聚焦的距离。

（8）锁定到缩放：使"焦距"值与"缩放"值匹配。（"1+X"初级。）

（9）光圈：镜头孔径大小，会影响景深效果。（"1+X"中级。）

（10）光圈大小：焦距与光圈的比例。（"1+X"初级。）

（11）模糊层次：图像中景深模糊的程度。

（12）胶片大小：胶片曝光区域的大小，与合成大小相关。

（13）焦距：从胶片平面到摄像机镜头的距离。

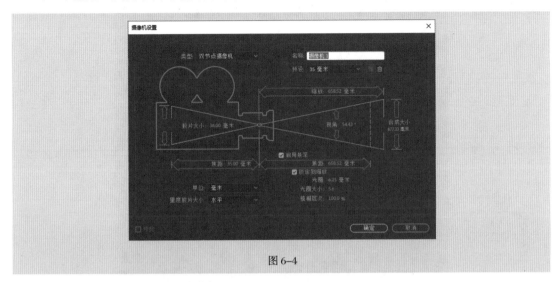

图 6-4

（14）单位：摄像机设置值所采用的单位。

（15）量度胶片大小：测量胶片大小的方式。

在摄像机创建完毕之后，可以通过调整摄像机的"摄像机选项"中的属性进行摄像机参数的设置与修改。在 After Effects 中，摄像机包含"单节点摄像机"与"双节点摄像机"两种类型，两者之间的区别在于单节点摄像机不包含目标点，双节点摄像机包含目标点。在双节点摄像机的"变换"中，可以调节"目标点"属性来改变摄像机的视角，如图 6-5 所示。

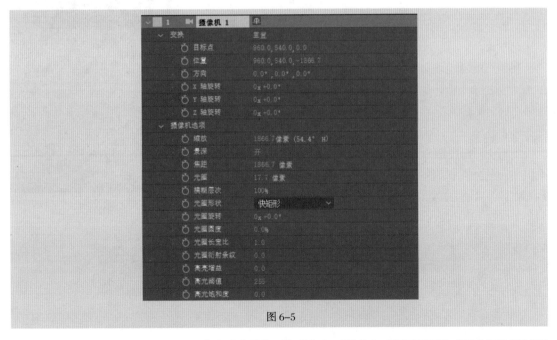

图 6-5

在"合成"面板底部的"3D 视图弹出式菜单"下拉列表中可以将合成视图设置为"活动摄像机""摄像机""正面""左侧""顶部""背面""右侧""底部"以及多种自定义视图等视图显示方式。

默认状态下，合成视图显示为"活动摄像机"，如图 6-6 所示。

图 6-6

6.2.2　摄像机动画

摄像机运动可以使画面的景别发生变化。景别分为远景、中景、近景、特写等，摄像机运动的方式分为"推拉摇移"4 种，使用 After Effects 制作摄像机动画的目的就是模仿这 4 种真实的运动方式。

在制作摄像机动画的过程中，通常需要在两个或者两个以上的视图中进行，以便通过其他视图观察摄像机的位置与状态，并能够在画面中进行调节，在顶视图中可以查看摄像机的位置信息，如图 6-7 所示。

使用空对象图层并开启该图层的"3D 图层"开关，让摄像机作为空对象图层的子级来控制摄像机的运动，可以更为方便地制作摄像机动画，如图 6-8 所示。（"1+X"初级——了解空对象图层的作用和属性构成。）

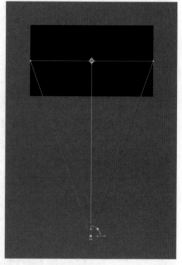

图 6-7

图 6-8

利用这种方法，可以单独调节摄像机的角度而不会影响整体的运动，例如想要使摄像机围绕被摄图层进行 360° 旋转并观察动画，只要调节空对象图层的旋转属性即可，如图 6-9 所示。

图 6-9

6.2.3 景深效果

景深效果是指当焦点对准某一点时，焦点前后一定范围内清晰可见，而位于范围外的图像变得模糊。光圈大小、镜头类型及被摄图层的距离是影响景深效果的重要因素。（"1+X"中级——了解"景深"效果的作用和属性构成。）

单击"景深"属性右侧的"关"，使其变为"开"，即可开启摄像机景深效果，可通过调节"焦距""光圈""模糊层次"等属性改变景深效果，如图 6-10 所示。

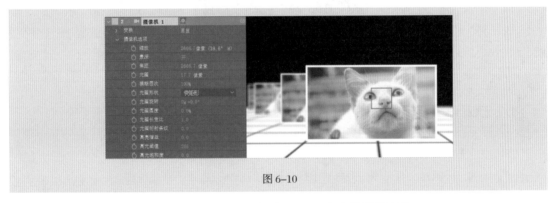

图 6-10

（1）光圈形状：图层产生景深模糊效果时，设置图层像素的模糊形状。

（2）光圈旋转：设置光圈形状的旋转角度。

（3）光圈圆度：设置光圈形状的圆度。

（4）光圈长宽比：设置光圈形状的长宽比。

（5）光圈衍射条纹：模拟物体在穿过光圈时的偏离变形效果。

（6）高亮增益：增加景深模糊产生的高亮光斑的亮度。

（7）高光阈值：设置高光区域的范围。

（8）高光饱和度：设置高光中的被摄图层颜色与光照颜色的比例。

6.3 灯光

After Effects 的灯光图层可以模拟现实世界的各种光源，使三维场景表现得更加真实。对灯光进行设置可以使图层产生投影，有些插件也可使用灯光作为载体，例如"Particular"（粒子）插件可以将灯光作为发射器来使用。总之，灯光有多种应用方式，灵活运用灯光图层可以提升作品质感和提高制作效率。（"1+X"中级——了解"灯光"的类型和属性构成。）

6.3.1 灯光类型

灯光图层包含 4 种灯光类型，分别为"平行""聚光""点""环境"，如图 6-11 所示。

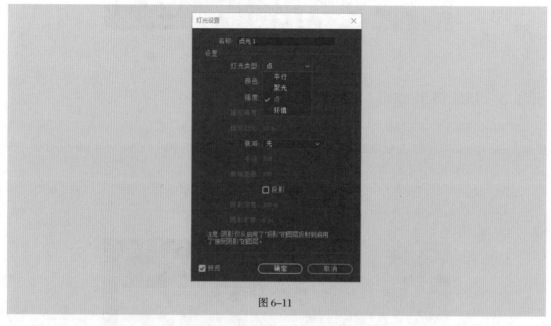

图 6-11

（1）平行：从无限远的光源处发出无约束的定向光，类似太阳等。
（2）聚光：从受锥形物约束的光源处发出的光线，类似舞台灯、手电筒等。
（3）点：无约束的全向光，类似灯泡、蜡烛等。
（4）环境：环境光没有光源，但有助于提高场景的总体亮度且不产生投影。

6.3.2 投影

想要使灯光产生投影，需要同时设置两个属性，分别为灯光图层的"灯光选项"中的"投影"属性和被照射图层的"材质选项"中的"投影"属性，将这两个属性从"关"变为"开"，即可产生投影，如图 6-12 所示。（"1+X"初级——了解"投影"效果的作用和属性构成。）

图 6-12

此时，可以调节该灯光图层的"灯光选项"中的"阴影深度"和"阴影扩散"属性来控制阴影效果。

6.3.3　光照衰减效果

现实中的光照有衰减变化，灯光与被照射物体的距离会影响被照射物体的亮度，这种衰减效果在 After Effects 的灯光中也可以实现。单击灯光图层的"灯光选项"中的"衰减"属性，将"衰减"设置为"平滑"或"反向正方形已固定"，然后调整"半径"属性和"衰减距离"属性来控制衰减的程度，如图 6-13 所示。

图 6-13

🎯 项目实施——制作方盒子展开效果以及搭建三维场景

任务 1　制作方盒子展开效果

任务目标： 使用三维图层、摄像机、灯光完成动画的制作。

知识要点： 全面掌握三维图层的属性，掌握灯光与三维图层的设置方法，并制作摄像机动画，效果如图 6-14 所示。（本任务涉及"1+X"初级——"图层属性"的知识点以及"锚点"的知识点，"1+X"初级——"关键帧动画"的知识点，"1+X"初级——"父级关联器"的知识点，"1+X"中级——"灯光"的知识点，"1+X"初级——"投影"的知识点，"1+X"初级——"摄像机"的知识点。）

扫码观看视频

素材文件： 本任务所需的素材文件位于"项目 6\ 任务 1　制作方盒子展开效果 \ 素材"文件夹中，其中包含"前 .png""后 .png""左 .png""右 .png""顶 .png""底 .png"6 个图像文件。

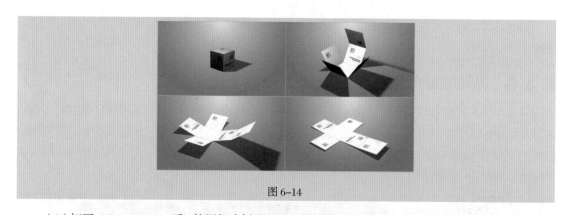

图 6-14

（1）打开 After Effects 后，使用组合键"Ctrl+S"保存项目，将项目命名为"方盒子展开效果"，然后选择保存位置对该项目进行保存。项目保存完成后，双击"项目"面板，弹出"导入文件"对话框，选择"项目 6\ 项目实施 \ 任务 1\ 素材"文件夹中的 6 个文件，单击"导入"按钮，将素材导入"项目"面板中，如图 6-15 所示。新建一个分辨率为 1920px×1080px、帧速率为 25 帧 / 秒、时长为 5 秒、名称为"方盒子展开效果"的合成，如图 6-16 所示。

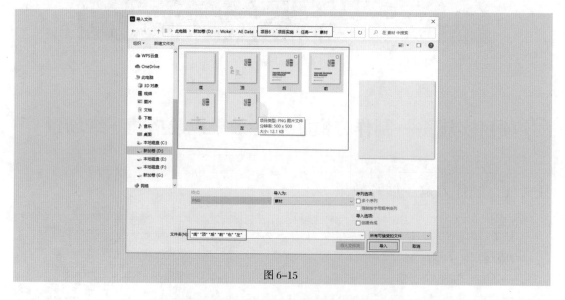

图 6-15

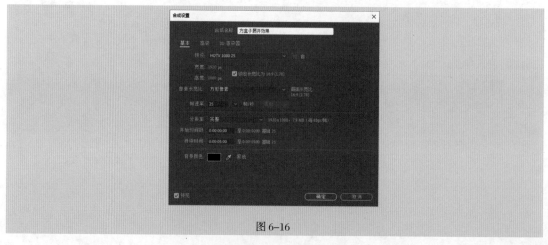

图 6-16

（2）创建一个纯色图层作为背景图层，将该图层重命名为"背景"。用鼠标右键单击该图层，执行"效果 > 生成 > 梯度渐变"命令，为该图层添加"梯度渐变"滤镜效果，并设置渐变颜色和形状，如图 6-17 所示。

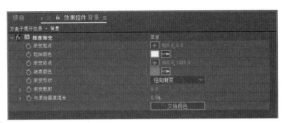

图 6-17

（3）将"前 .png""后 .png"等 6 个文件拖入"时间轴"面板中，并开启这些图层的"3D图形"开关，如图 6-18 所示。

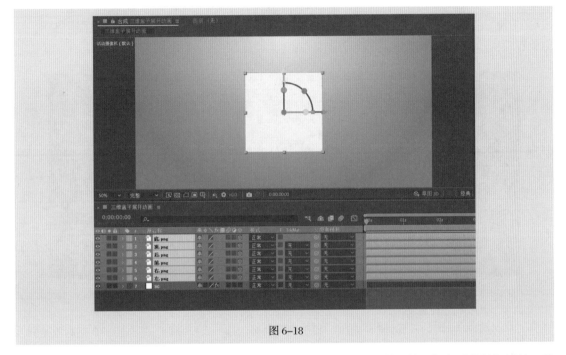

图 6-18

（4）分别设置这些图层的锚点到合适的位置，再调整这些图层的"位置"与"旋转"属性，使这些图层组成一个立方体，如图 6-19 所示。

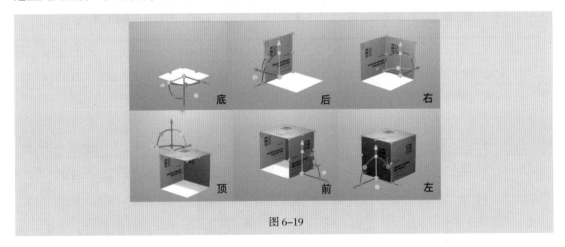

图 6-19

（5）为每个图层设置父子关系，具体父子关系如图 6-20 所示。

图 6-20

（6）为"前 .png""后 .png""左 .png""右 .png""顶 .png"5 个图层制作旋转动画，起点是"00s"，旋转为"90°"或"-90°"（参考合成视图效果选择相应度数），终点是"05s"，旋转为"0°"，具体属性数值设置如图 6-21 所示。

图 6-21

（7）在菜单栏中执行"图层 > 新建 > 摄像机"命令创建一个摄像机，并创建一个空对象图层，开启空对象图层的"3D 图层"开关，并将摄像机作为空对象图层的子级，如图 6-22 所示。

图 6-22

（8）为"空 1"图层的"位置""Y 轴旋转"属性设置关键帧动画，并为"摄像机 1"图层的"位置"属性设置关键帧动画，如图 6-23 所示，使摄像机在跟随空对象旋转的同时产生拉远镜头的效果。

图 6-23

（9）在菜单栏中执行"图层 > 新建 > 灯光"命令，创建 3 个"点"类型的灯光，分别命名为"主光""辅光 1""辅光 2"，调节 3 个灯光的位置，使主光在立方体的左前方，辅光分别在左后方和右上方，并修改辅光的"强度"属性。3 个灯光的"变换"和"灯光选项"中的属性设置及灯光在合成视图中的位置如图 6-24 所示。

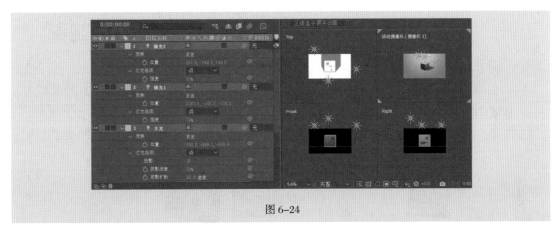

图 6-24

（10）创建一个白色纯色图层，并将其命名为"接受投影"，开启该图层的"3D 图层"开关 📦，将"X 轴旋转"属性修改为 0x-90.0°，如图 6-25 所示。将该图层放置在场景下方作为地面，同时将立方体的所有图层的"接受投影"属性设置为"开"。

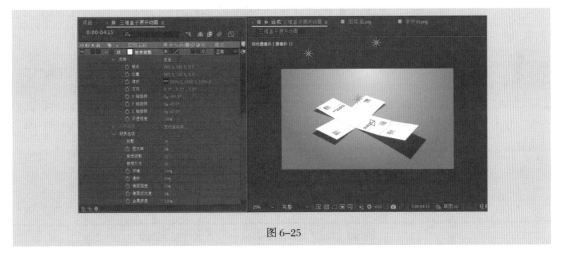

图 6-25

（11）接下来需要将制作完成的动画输出为视频。在"渲染队列"面板中完成相应的输出设置之后，单击"渲染"按钮开始渲染，如图 6-26 所示。此时方盒子展开效果就全部制作完成了。（"1+X"初级——"渲染"的知识点。）

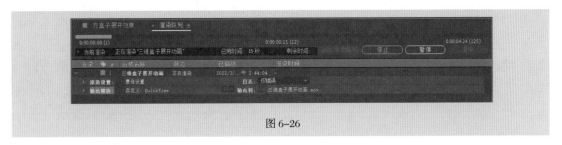

图 6-26

任务 2　搭建三维场景

扫码观看视频

学习目标： 学习使用三维图层、摄像机、灯光完成三维场景的搭建。

知识要点： 全面掌握三维场景的搭建方法，掌握灯光与三维图层的空间关系的设置方法，并制作摄像机动画，效果如图 6-27 所示。（ 本任务涉及 "1+X" 初级——"图层属性"的知识点以及"锚点"的知识点，"1+X"初级——"关键帧动画"的知识点，"1+X"初级——"遮罩蒙版"的知识点，"1+X"中级——"灯光"的知识点，"1+X"初级——"投影"的知识点，"1+X"初级——"摄像机"的知识点。）

素材文件： 本任务所需的素材文件位于"项目 6\ 任务 2　搭建三维场景 \ 素材"文件夹中，其中包含"木板 01.png""木板 02.png""小广场 .jpg""船 .jpg""晨曦 .jpg"等图像文件。

图 6-27

（1）打开 After Effects 后，将项目命名为"搭建三维场景"，然后选择保存位置对该项目进行保存。双击"项目"面板，弹出"导入文件"对话框，选择"项目 6\ 项目实施 \ 任务 2\ 素材"中的所有文件，单击"导入"按钮，将素材导入"项目"面板中，如图 6-28 所示。

图 6-28

（2）单击"项目"面板下方的"新建合成"按钮 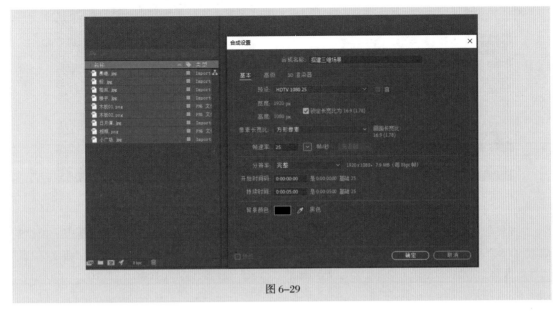，新建一个分辨率为 1920px × 1080px、帧速率为 25 帧 / 秒、时长为 5 秒、名称为"搭建三维场景"的合成，如图 6-29 所示。

图 6-29

（3）在菜单栏中执行"图层 > 新建 > 纯色"命令，弹出"纯色设置"对话框，将该图层命名为"背景"，将"颜色"设置为"白色"，如图 6-30 所示，单击"确定"按钮，完成背景纯色图层的创建。

（4）将"木板 01.png""木板 02.png"两个文件拖入"时间轴"面板中，开启这两个图层的"3D 图层"开关 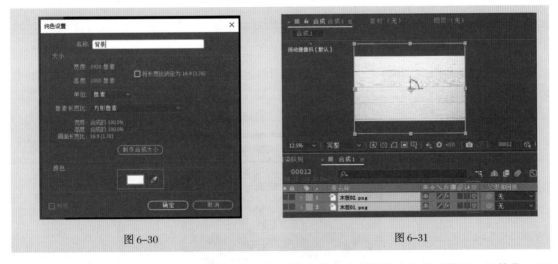，如图 6-31 所示。

图 6-30　　　　　　　　　　　　　　图 6-31

（5）选择"木板 01.png""木板 02.png"两个文件，在菜单栏中执行"效果 > 风格化 >CC RepeTile"命令，调整"Expand Right""Expand Left""Expand Down""Expand Up"属性的数值为 1500，如图 6-32 所示。

（6）选择"木板 02.png"文件，按两次组合键"Ctrl+D"，复制出两个图层，分别调整这些图层的"位置"、旋转、"缩放"属性的数值，如图 6-33 所示，其中"木板 01.png"作为地面，"木板 02.png"作为前、左、右的 3 面墙。

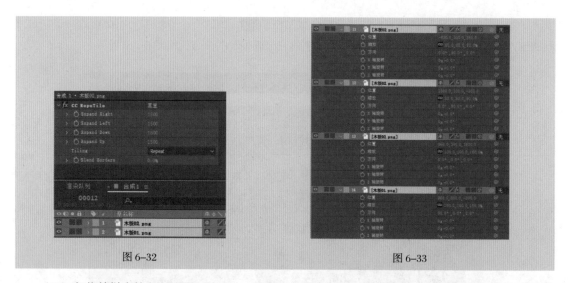

图 6-32　　　　　　　　　　　　　图 6-33

（7）在菜单栏中执行"图层 > 新建 > 摄像机"命令创建一个摄像机，调整"目标点"属性的数值为（941.4，429.9，−1165.2）；为摄像机的"位置"属性设置关键帧动画，设置初始帧的"位置"属性数值为（990.0，500.0，−2650.0），结束帧的"位置"属性数值为（1000.0，600.0，−3900.0），如图 6-34 所示。

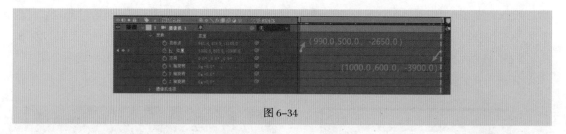

图 6-34

（8）选择"项目"面板中的"相框 .png"文件，将其拖曳到"新建合成"按钮![按钮]上，快速新建一个合成，使用组合键"Ctrl+K"打开"合成设置"对话框，将合成重命名为"相框 01"，如图 6-35 所示。

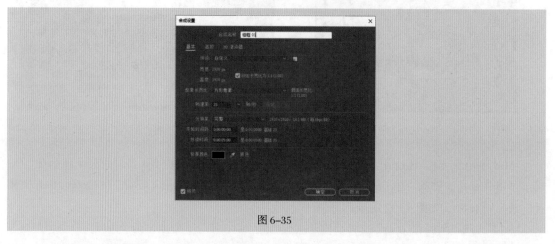

图 6-35

（9）在菜单栏中执行"图层 > 新建 > 纯色"命令，弹出"纯色设置"对话框，将该图层命名为"遮罩"，单击"确定"按钮，并将该图层移到"相框 .png"图层下方，如图 6-36 所示。选择"矩形工具"■"，参考相框的内部大小，为"遮罩"图层添加一个矩形蒙版，如图 6-37 所示。

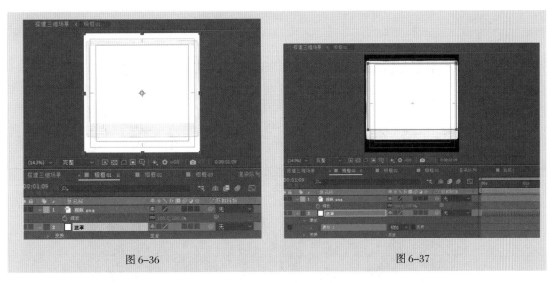

图 6-36　　　　　　　　　　　　　　　　图 6-37

（10）选择"项目"面板中的"晨曦.jpg"文件，将其拖曳到"相册 01"合成的"时间轴"面板中，分别调整该图层的"位置"属性的数值为（960.0，810.0），"缩放"属性的数值为（32.0，32.0）%，并将该图层移到"遮罩"图层下方，如图 6-38 所示。

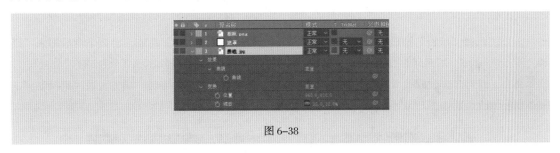

图 6-38

（11）将"晨曦.jpg"图层的"轨道遮罩"修改为"Alpha 遮罩'遮罩'"，如图 6-39 所示，"遮罩"图层将作为 Alpha 遮罩，使"晨曦.jpg"图层在其范围内显示，如图 6-40 所示。

图 6-39　　　　　　　　　　　　　　　　图 6-40

（12）选择"项目"面板中的"相框 01"合成，按两次组合键"Ctrl+D"，复制得到"相框02""相框 03"合成，将"相框 02""相框 03"两个合成中的"晨曦.jpg"图层分别更换为"小广场.jpg""船.jpg"图层，如图 6-41 所示。

图 6-41

（13）选择"项目"面板中的"相框 01""相框 02""相框 03"合成，将 3 个合成拖入"搭建三维场景"合成的"时间轴"面板中，开启它们的"3D 图层"开关，分别调整 3 个合成的"位置""方向"属性，并为 3 个合成的"缩放""X 轴旋转""Y 轴旋转""Z 轴旋转"属性设置关键帧动画，具体属性数值设置如图 6-42 所示。

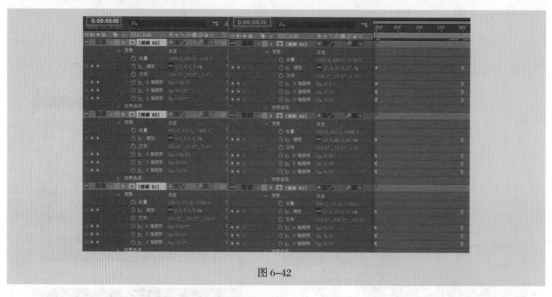

图 6-42

（14）将时间指示器放置在 1 秒的位置，如图 6-43 所示。在"时间轴"面板中选中"相框02"合成图层，向右拖曳其入点到 1 秒的位置，如图 6-44 所示。重复上述操作，设置"相框 03"合成图层的入点到 2 秒的位置，如图 6-45 所示。

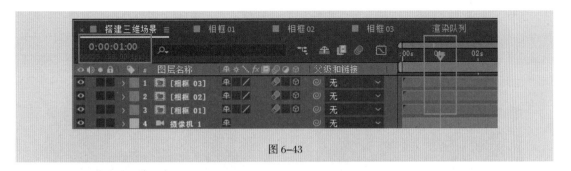

图 6-43

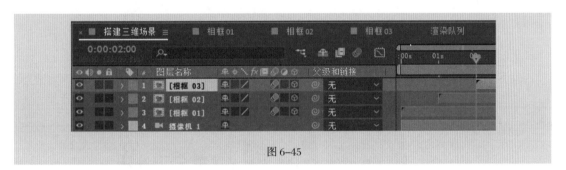

图 6-44

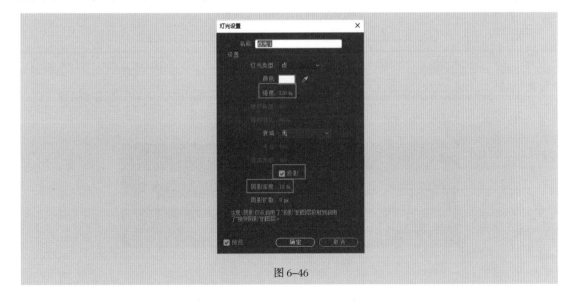

图 6-45

（15）在菜单栏中执行"图层 > 新建 > 灯光"命令，创建"点"类型的灯光，设置灯光的"强度"数值为 120%，勾选"投影"选项，设置"阴影深度"的数值为 18%，如图 6-46 所示。

图 6-46

（16）选择"时间轴"面板中的"相框 01""相框 02""相框 03"3 个合成图层，分别设置它们的"材质选项"中的"投影"为"开"，如图 6-47 所示。选择"时间轴"面板中的"木板01.png""木板 02.png"等 4 个图层，分别设置它们的"材质选项"中的"接受灯光"为"关"，如图 6-48 所示。

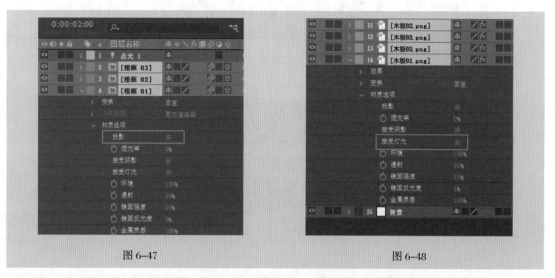

图 6-47　　　　　　　　　　　　　　　　　图 6-48

（17）选择"时间轴"面板中的"点光 1"图层，调整其"位置"属性的数值为（975.0，−570.0，−4100.0）。三维场景就搭建完成了，如图 6-49 所示。

图 6-49

（18）接下来需要将完成的动画输出为视频。在"渲染队列"面板中完成相应的输出设置之后，单击"渲染"按钮开始渲染，如图 6-50 所示。

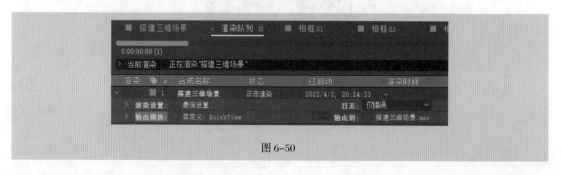

图 6-50

项目小结

　　通过本项目的学习，读者可以了解三维空间与二维平面的区别。通过对 After Effects 中三维空间等内容的学习，读者可以掌握三维空间在影视后期特效中的运用和软件的基本操作。

　　通过对 After Effects 中三维空间的深入学习和认识，读者可不断提升自己在影视后期行业中的创作能力和对软件的应用能力。

　　在学习本项目后，读者需要熟练掌握 After Effects 中三维图层各属性的含义、摄像机各属性的含义及摄像机动画的制作、灯光各属性的含义及灯光对三维图层的作用等基本知识点，并需要融会贯通、灵活运用这些知识点。

项目扩展——制作产品的三维展示效果

　　知识要点： 掌握三维空间关系与图层的三维功能，调节三维图层的属性，使用灯光衰减效果与投影，使用景深效果并制作摄像机动画，效果如图 6-51 所示。

扫码观看视频

　　素材文件： 本任务所需的素材文件位于"项目 6\ 项目扩展——制作产品的三维展示效果 \ 素材"文件夹中，其中包含"X.mov""球 01.mov""球 02.mov""键盘 .png""屏幕 .png"等文件。

　　案例目标：

　　（1）导入素材到"项目"面板，新建合成并命名为"产品的三维展示"，新建纯色图层并命名为"BG"，添加"梯度渐变"效果，制作渐变背景；新建摄像机，将"键盘 .png""球 01.mov""球 02.mov"素材拖曳到"产品的三维展示"中，并开启所有素材图层的"3D 图层"开关 。

图 6-51

　　（2）拖曳"屏幕 .png"素材到"新建合成"按钮 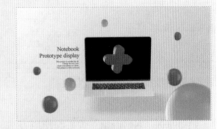，新建合成并命名为"屏幕"，拖曳"屏幕 .png""X.mov"素材到该"屏幕"合成中，调整的"位置"和"缩放"属性，形成电脑屏幕；拖曳"屏幕"合成到"产品的三维展示"合成中，并开启"3D 图层"开关，调整"键盘 .png"图层和"屏幕"图层，形成笔记本打开的状态。

　　（3）在合成的"产品的三维展示"合成中，将"球 01.mov""球 02.mov"素材分别复制 4 份，调整其"位置"属性，形成远近错落的空间关系。

　　（4）新建合成并命名为"文字"，新建文本图层，输入文字并调整文字排版；将"文字"合成拖曳到"产品的三维展示"合成中，并开启该图层的"3D 图层"开关，调整其"位置"属性，制作从右到左的动画效果。

　　（5）新建灯光图层并命名为"灯光"，调整其"位置"属性；新建纯色图层并命名为"接受阴影"，并开启该图层的"3D 图层"开关，调整其"位置""旋转"等属性，与电脑键盘平行，仅开启"材质选项"中的"接受阴影"属性。

　　（6）调整"摄像机"的"位置""目标点"属性并设置关键帧动画，制作摄像机移动和推进的动画，打开"景深"属性，调整"焦距"属性并设置关键帧动画。形成摄像机景深效果。

07

认识抠像——
抠像与跟踪技术

情景引入

　　在影视广告中，利用抠像技术可以十分方便地将用蓝屏或绿屏拍摄的影像与其他影像合成在一起。利用跟踪技术可以添加效果、动画和文字等。通过学习本项目，你可以掌握抠像与跟踪技术的使用方法。

　　本项目对 After Effects 中的抠像技术与跟踪技术的基础知识进行讲解。通过本项目的学习，读者可以了解抠像技术与跟踪技术的原理，学会使用 After Effects 中内置的抠像和跟踪，掌握抠像及背景合成的方法与技巧，还可以对一点及多点跟踪、画面稳定跟踪、摄像机反求等技术有了解。学习本项目有助于读者使用相应的知识点顺利完成抠像与跟踪任务。

学习目标

知识目标

- 了解抠像技术的应用与发展。
- 了解抠像效果的作用。
- 熟练掌握 "Keylight" 效果的使用方法。（"1+X" 初级、中级。）
- 掌握抠像素材与背景的合成方法。（"1+X" 初级、中级。）
- 了解跟踪的作用及相关知识。
- 熟练掌握一点及多点跟踪的使用方法。（"1+X" 初级、中级。）
- 熟练掌握稳定跟踪的使用方法。（"1+X" 中级。）
- 熟练掌握摄像机反求的使用方法。（"1+X" 中级。）
- 掌握跟踪及摄像机反求的特效合成技巧。（"1+X" 中级。）

技能目标

- 掌握 "古墓场景抠像合成" 的制作方法。（"1+X" 中级。）
- 掌握 "更换天空" 的方法。（"1+X" 中级。）
- 掌握 "更换电脑屏幕" 的方法。（"1+X" 中级。）

素养目标

- 通过了解抠像与跟踪技术的使用方法和技巧，提升读者的审美能力。
- 帮助读者了解抠像合成的制作思路和调色方法。

扫码观看思维导图

扫码观看视频

相关知识

7.1　抠像技术

7.1.1　抠像概述

"抠像"一词来源于早期的电视特效制作，目的是把拍摄素材中的背景替换成符合电视内容需求的背景。其英文单词为"Keying"，含义为"吸取画面中的某一种颜色并将该颜色设置为透明"。通过这种方式就可以得到"以假乱真"的合成视频效果，如图 7-1 所示。

图 7-1

在早期的影视制作中，抠像技术依赖于昂贵的硬件设备，而且对拍摄环境、拍摄背景、拍摄光线、拍摄演员、拍摄服装、拍摄道具等各方面的要求都非常严格，因此难以普及而且成本极高。随着影视行业技术的发展，抠像技术已成为影视后期合成中的一项重要技术和常用手段，被广泛地应用到电影、电视、广告等领域。例如，在拍摄过程中，受现有技术限制，或因经费预算有限而无法拍摄的场景，如高空跌落、爆破、太空穿梭以及需要动用大量人力、物力的宏伟镜头等，使用抠像技术就能够轻松实现，如图 7-2 所示。

图 7-2

7.1.2　常用抠像方法

在 After Effects 中，抠像是根据图层中的特定颜色值或亮度值来进行的。指定图层中的某个颜色值或亮度值后，与该指定值类似的所有像素将变透明，如图 7-3 所示。

图 7-3

1．颜色键和亮度键

使用"颜色键"效果可以指定图层中的特定颜色值，与特定颜色值类似的内容会变透明。该效果适用于对象与背景边缘锐利且不包含透明及半透明区域的图像。该效果由"主色""颜色容差""薄化边缘""羽化边缘" 4 个属性构成，如图 7-4 所示。（"1+X"中级——了解"颜色键"效果的作用和属性构成。）

（1）主色：用于指定要抠除的颜色。可以单击"吸管"图标 ![吸管]，再单击合成视图中需要抠除的颜色来完成主色的设置。

（2）颜色容差：指定要抠除的颜色范围。数值越小，要抠除的接近主色的颜色范围越小；数值越大，要抠除的颜色范围越大。

（3）薄化边缘：用于调整抠像区域边界的宽度。数值为正值时，边界的透明区域增加；数值为负值时，边界的透明区域减少。

（4）羽化边缘：用于指定边缘的柔和度。数值越大，边缘越柔和，同时渲染时间越长。

"亮度键"效果可以抠除图层中具有指定亮度值的所有区域，适用于对象与背景明暗关系强烈且不包含透明及半透明区域的图像。该效果由"键控类型""阈值""容差""薄化边缘""羽化边缘" 5 个属性构成，如图 7-5 所示。（"1+X"中级——了解"亮度键"效果的作用和属性构成。）

图 7-4

图 7-5

（1）键控类型：用于指定抠像范围。包含"抠出较亮区域""抠出较暗区域""抠出亮度相似的区域""抠出亮度不同的区域" 4 种模式。

（2）阈值：用于设置抠像基于的亮度值。

（3）容差：指定要抠除的范围。数值越小，要抠除的范围越小；数值越大，要抠除的范围越大。

（4）薄化边缘：用于调整抠像区域边界的宽度。数值为正值时，边界的透明区域增加；数值为负值时，边界的透明区域减少。

（5）羽化边缘：用于指定边缘的柔和度。数值越大，边缘越柔和，同时渲染时间越长。

需要注意的是，在 After Effects CC 之后，"颜色键"与"亮度键"效果已移到"过时"效果类别中。了解"颜色键"与"亮度键"效果有助于我们理解抠像的基本原理，在学习抠像技术的过程中，更容易掌握抠像技术的运用技巧。

2．线性颜色键

在需要抠像的图层上单击鼠标右键，执行"效果 > 抠像 > 线性颜色键"命令，即可为该图层添加"线性颜色键"效果。该效果适用于对象与背景边缘锐利的图像，且图像可以包含透明及半透明区域。该效果由"预览""视图""主色""匹配颜色""匹配容差""匹配柔和度""主要操作"7 个属性构成，如图 7-6 所示。（"1+X"中级——了解"线性颜色键"效果的作用和属性构成。）

（1）预览：显示两个缩略图。左侧缩略图呈现的是未改变的源图像，右侧缩略图呈现的是在"视图"属性右侧的下拉列表中选择模式后的效果，中间的 3 个吸管图标分别用于指定主色、匹配容差以及减去指定颜色。

（2）视图：用于查看和比较抠像结果，包含"最终输出""仅限源""仅限遮罩"3 种模式。

（3）主色：用于指定要抠除的颜色。

（4）匹配颜色：用于选择颜色空间，包含"使用 RGB""使用色相""使用色度"3 种颜色空间。

（5）匹配容差：用于指定主色的容差范围。数值越小，容差范围越小；数值越大，容差范围越大。

（6）匹配柔和度：用于柔化匹配容差，数值设置在 10% 以下可产生最佳结果。

（7）主要操作：包含"主色""保持颜色"两种模式，"主色"主要用于进行线性抠像，"保持颜色"主要用于弥补被上一级抠像滤镜或插件所抠除的无须抠除区域。

3．颜色差值键

在需要抠像的图层上单击鼠标右键，执行"效果 > 抠像 > 颜色差值键"命令，即可为该图层添加"颜色差值键"效果。该效果通过将图像分为"A"与"B"两个遮罩，在相对的起始点处创建透明度。其中"B"的作用是使透明度基于指定的主色，"A"的作用是使透明度基于不含第二种不同颜色的图像区域。将"A"与"B"遮罩合并后可得到一个新的 Alpha 遮罩，从而实现优质的抠像效果。"颜色差值键"效果适用于以蓝幕或绿幕为背景且亮度适宜的包含透明或半透明区域的图像，如玻璃、烟雾、阴影等。

"颜色差值键"效果由"视图""主色""颜色匹配准确度""黑色区域的 A 部分""白色区域的 A 部分""A 部分的灰度系数""黑色区域外的 A 部分""白色区域外的 A 部分""黑色的部分 B""白色区域中的 B 部分""B 部分的灰度系数""黑色区域外的 B 部分""白色区域外的B 部分""黑色遮罩""白色遮罩""遮罩灰度系数"等属性组成，如图 7-7 所示。（"1+X"中级——了解"颜色差值键"效果的作用和属性构成。）

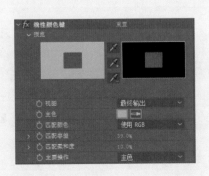

图 7-6

图 7-7

（1）视图：用于查看和比较抠像结果。默认状态下为"最终输出"模式，在调整单独遮罩的过程中，可能会根据需求在这些模式之间进行多次切换。

（2）主色：用于指定要抠除的颜色。如果需要抠除蓝幕，则使用默认的蓝色即可；如果需要抠除其他颜色，可以使用吸管工具选择需抠除的颜色或使用色块从颜色空间中自定义颜色。

（3）颜色匹配准确度：包含"更快""更准确"两种模式。

（4）黑色区域的 A 部分和黑色的部分 B：用于调整黑色区域内的透明度水平。

（5）白色区域的 A 部分白色区域中的 B 部分：用于调整白色区域内的不透明度水平。

（6）A/B 部分的灰度系数：用于控制透明度值遵循线性增长的程度。

（7）黑色区域外的 A/B 部分：用于调整黑色区域外的透明度水平。

（8）白色区域外的 A/B 部分：用于调整白色区域外的不透明度水平。

（9）黑色遮罩：用于调整抠像结果的透明区域。

（10）白色遮罩：用于调整抠像结果的不透明区域。

（11）遮罩灰度系数：用于控制抠像结果的透明度值遵循线性增长的程度。

4．内部 / 外部键

"内部 / 外部键"效果利用蒙版来定义对象边缘内部与外部的效果，适用于对象与背景边缘模糊或对象包含毛发的图像。用于该效果的蒙版无须完全贴合对象边缘。该效果可以修改边界周围的颜色从而消除原背景的颜色，这个过程会确定并消除背景颜色对每个边界像素颜色的影响，从而移除在新背景中出现的"光环"现象。在需要添加该效果的图层上单击鼠标右键，执行"效果 > 抠像 > 内部 / 外部键"命令，即可为该图层添加"内部 / 外部键"效果，其属性如图 7-8 所示。（"1+X"中级——了解"内部 / 外部键"效果的作用和属性构成。）

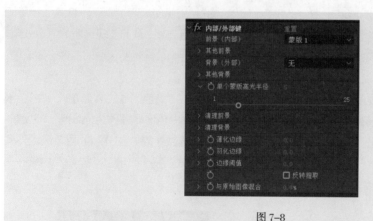

图 7-8

（1）前景（内部）：需要在该图层上沿着前景对象内部绘制蒙版，将蒙版模式设置为"无"后，将该属性指定到内部蒙版。单独使用该功能的方法仅适用于边缘简单的对象。

（2）其他前景：需要提取多个前景对象时，需绘制多个蒙版并将蒙版模式都设置为"无"。

（3）背景（外部）：需要在该图层上绘制前景对象的内部蒙版以及外部蒙版，将蒙版模式设置为"无"后，将该属性指定到外部蒙版。使用该功能的方法适用于边界模糊或不确定区域内容的相对复杂的对象。

（4）其他背景：需要提取多个背景对象时，需绘制多个蒙版并将蒙版模式都设置为"无"。

（5）单个蒙版高光半径：用于控制蒙版周围边界的大小。

（6）清理前景：创建并指定其他蒙版来清理图像的前景区域，使该区域的不透明度增加。

（7）清理背景：创建并指定其他蒙版来清理图像的背景区域，使该区域的不透明度降低。

（8）薄化边缘：用于指定受抠像影响的遮罩的边界数量。

（9）羽化边缘：用于指定边缘的柔和度。

（10）边缘阈值：通过"软屏蔽"的方式移除低不透明度的杂色。

（11）反转提取：反转前景与背景区域。

（12）与原始图像混合：调节生成的图像与原始图像的混合程度。

7.1.3　Keylight 抠像应用

After Effects 包含多个内置抠像效果，其中"Keylight"效果在专业品质的抠像方面表现得非常出色。虽然 After Effects 中内置了许多抠像效果，但某些抠像效果（如"颜色键""亮度键""线性颜色键"等）已经被"Keylight"效果所替代，如图 7-9 所示。（"1+X"初级、中级——掌握"Keylight"效果的使用方法和技巧。）

需要注意的是，"Keylight"效果是一款抠色效果，不支持黑色及白色背景的抠除。另外，某些素材在使用"Keylight"效果进行抠像时，结合使用"Key Cleaner"（抠像清除器）与"Advanced Spill Suppressor"（高级溢出抑制器）效果，如图 7-10 所示，可以实现更高品质的抠像效果，对比效果如图 7-11 和图 7-12 所示。（"1+X"初级、中级——掌握"Keylight"效果与"Advanced Spill Suppressor"和"Key Cleaner"效果结合使用的方法与技巧。）

图 7-9

图 7-10

图 7-11   图 7-12

（1）Key Cleaner（抠像清除器）：可用于恢复抠像效果中的 Alpha 通道的细节。

（2）Advanced Spill Suppressor（高级溢出抑制器）：可用于去除抠像效果的前景溢出主色，包含"标准""极致"两种方式。

7.2　跟踪技术

AE 中的跟踪技术主要有运动跟踪和稳定跟踪 2 种。

7.2.1　运动跟踪

运动跟踪是指对指定区域进行跟踪分析，并自动创建关键帧，将跟踪的结果应用到其他图层或效果上，以制作所需的动画效果。通过运动跟踪，可以跟踪对象的运动，并将该运动的跟踪数据应用于其他图层或效果，使其他图层和效果跟随被跟踪对象运动。

运动跟踪有许多用途，例如将一段视频添加到正在行驶的巴士一侧，或使正在运动的球发光，或将运动跟踪得到的位置信息链接到音频的声道，使音频随运动物体产生左右声道的音量变化等。运动跟踪是比较重要的知识点，也是在动画合成中运用频率较高的一种合成技术。在 After Effects 中进行运动跟踪有多种方法，通常来说采用哪一种运动跟踪方法主要取决于要跟踪的对象。

在开始跟踪前，需查看并确认素材的所有画面，以确定最佳被跟踪对象及跟踪使用的通道。例如在素材的某一帧中可清晰识别的对象在其他帧中可能因为光照、角度、周围环境及元素的变化而变得不易识别，也可能因为景深的变化或受其他元素影响而变得模糊，还可能被移出画面或被其他元素遮挡，这些都可能导致跟踪失败。但如果选择更好的被跟踪对象和合适的通道，则成功跟踪的概率会提升。适合被跟踪的对象具有以下特征。

（1）在整个素材的拍摄过程中可见。

（2）搜索区域内的亮度或颜色与周围区域明显不同。

（3）搜索区域内的形状与周围区域明显不同。

（4）在素材的拍摄过程中保持一致的形状、亮度及颜色。

1．一点跟踪

一点跟踪适用于跟踪运动对象在二维平面上的位置变化。选择需要被跟踪的动画（如视频或图片序列）图层，在菜单栏中执行"窗口 > 跟踪器"命令，打开"跟踪器"面板，单击"跟踪运动"按钮，此时该图层的"图层"面板会被激活，且图层视图的中央会出现一个跟踪点。"图层"面板中的跟踪点由"搜索区域""特性区域""附加点"组成，如图 7–13 所示，1 为"搜索区域"，2 为"特性区域"，3 为"附加点"。（"1+X"初级、中级——掌握"一点跟踪"的使用方法和技巧。）

图 7–13

（1）搜索区域：被跟踪对象在前后帧中预留的区域。缩小搜索区域可节省跟踪时间，但会增大失去跟踪目标的风险。

（2）特性区域：用于定义图层中被跟踪的包含一个明显的视觉元素的区域，这个区域需要在整个跟踪过程中都能被清晰辨认。

（3）附加点：用来指定跟踪结果的附加位置。

进行运动跟踪时，需要调整跟踪点的搜索区域、特性区域及附加点。在移动特性区域时，特性区域内的图像会放大到 400%，以便更精确地定义跟踪区域。鼠标指针图标的作用说明如图 7–14 所示。

单击"跟踪器"面板中的"选项"按钮，可打开"动态跟踪器选项"对话框，如图 7–15 所示，根据被跟踪对象与周围环境的颜色、亮度及饱和度的差异情况，选择最佳的通道，以提高跟踪的成功率。

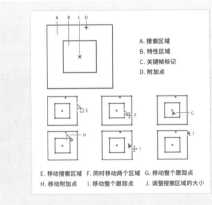

图 7–14

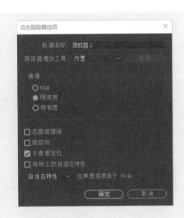

图 7–15

"跟踪器"面板中的"分析"工具按钮从左至右依次为"向后分析一个帧""向后分析""向前分析""向前分析一个帧"，如图 7-16 所示。可根据需求单击"向后分析"或"向前分析"按钮分析某个时间方向上的所有运动跟踪。如果需要跟踪一段复杂的特性，则可单击"向后分析一个帧"或"向前分析一个帧"按钮分析某个时间方向上的单帧运动跟踪。分析结果如图 7-17 所示。

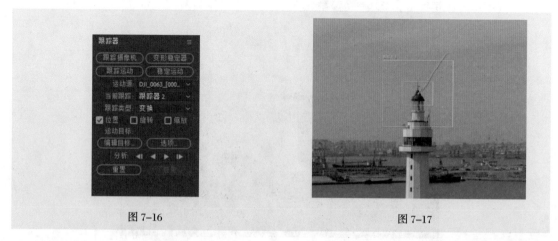

图 7-16   图 7-17

分析完成后，单击"编辑目标"按钮，在弹出的"运动目标"对话框中可以将运动跟踪分析结果指定给某个图层，设置完毕后单击"确定"按钮，如图 7-18 所示。

通常情况下，将分析结果指定给空对象图层，再将跟踪对象通过"父级关联器"按钮 ⊙ 链接到空对象图层，以便后续的调整。指定图层完成后，再单击"确定"按钮，会弹出"动态跟踪器应用选项"对话框，此时可通过"应用维度"选项，将分析结果指定给该图层的两个轴向或某一个轴向，如图 7-19 所示。

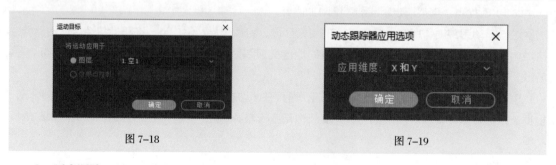

图 7-18   图 7-19

2. 两点跟踪

两点跟踪适用于跟踪运动对象在二维平面上的位置、角度及大小变化。单击"跟踪运动"按钮，在"跟踪类型"为"变换"的情况下，勾选"旋转"与"缩放"选项，如图 7-20 所示，图层视图中会增加第二个跟踪点，如图 7-21 所示。（"1+X"初级、中级——掌握"两点跟踪"的使用方法和技巧。）

调整两个跟踪点至最佳跟踪状态，根据需求单击相应的"分析"工具按钮，直至跟踪分析完成。通过两个跟踪点得到分析结果后，就可以得到被跟踪对象的旋转及缩放等信息。通常情况下，"跟踪点 1"默认为旋转或缩放的轴心，如图 7-22 所示。

图 7-20　　　　　　　　　　　　　　　　　　图 7-21

图 7-22

　　与一点跟踪相同，分析完成后，要将运动跟踪分析结果指定给空对象图层，单击"确定"按钮并设置"应用维度"选项，再将跟踪对象通过"父级关联器"按钮 ⊚ 链接到空对象图层，以便后续的调整，如图 7-23 所示。

图 7-23

3．四点跟踪

四点跟踪又叫"边角定位跟踪"，适用于跟踪四角平面区域的变化。选择被跟踪图层，单击"跟踪运动"按钮后，在"跟踪器"面板的"跟踪类型"下拉列表中，可看到"平行边角定位"和"透视边角定位"两种四点跟踪类型，如图 7-24 所示。（"1+X"初级、中级——掌握"四点跟踪"的使用方法和技巧。）

（1）平行边角定位：此类型在图层视图中使用前 3 个跟踪点计算第 4 个跟踪点的位置，适用于跟踪被跟踪对象在二维平面上的倾斜和旋转效果。因其平行线具有保持平行并保持相对距离的特性，所以它对包含透视变化的效果不适用。

（2）透视边角定位：此类型在图层视图中使用 4 个跟踪点，适用于跟踪被跟踪对象的倾斜、旋转和透视变化效果。

以"透视边角定位"为例，在图层视图中可以看到 4 个跟踪点，如图 7-25 所示。

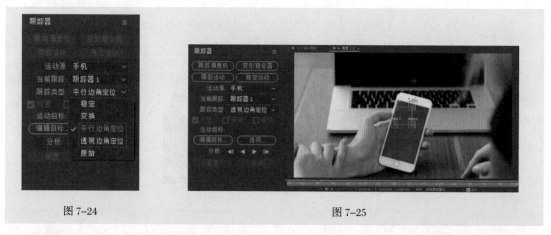

图 7-24   图 7-25

图层视图中的 4 个跟踪点依次为"左上""右上""左下""右下"跟踪点，将这些跟踪点移动至被跟踪对象的 4 个相应的边角位置，如图 7-26 所示，并根据素材情况调整这些跟踪点的属性。

图 7-26

根据需求单击相应的"分析"工具按钮，直至跟踪分析完成，如图 7-27 所示。

图 7-27

　　与一点跟踪及两点跟踪不同的是，四点跟踪不适合应用于空对象图层，而适合应用于期望实现跟踪效果的图层上。单击"编辑目标"按钮，在弹出的"运动目标"对话框中将运动跟踪分析结果指定给期望实现跟踪效果的图层，设置完毕后单击"确定"按钮，如图 7-28 所示。

图 7-28

　　单击"确定"按钮后，被指定的图层上会自动生成"边角定位"效果，并将运动跟踪分析结果自动转换为该效果中的"左上""右上""左下""右下"属性以及"变换"中的"位置"属性，如图 7-29 所示。

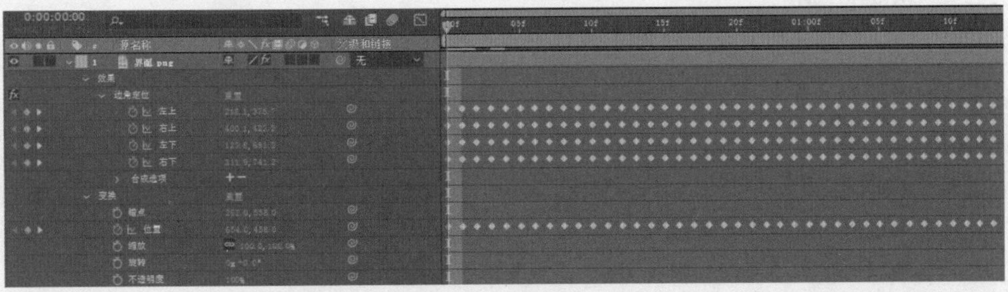

图 7-29

　　将运动跟踪分析结果指定给被指定图层的预合成，可以方便对该图层进行后续的调整与修改。选择被指定的图层，使用组合键"Ctrl+Shift+C"打开"预合成"对话框，在其中选择"保留'四点跟踪'中的所有属性"单选项，单击"确定"按钮，如图 7-30 所示，即可完成该图层的预合成的创建工作。

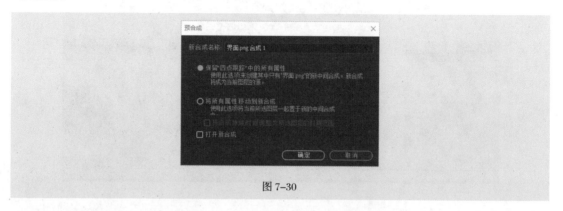

图 7-30

　　预合成创建完成后，可随时在该预合成内修改图层内容或添加新的图层及图层效果，如图 7-31 所示。

图 7-31

7.2.2　稳定跟踪

　　使用运动跟踪，将跟踪影片中的目标对象的运动数据作为补偿画面运动的依据后，即可实现画面的稳定跟踪。

1．去除镜头抖动

　　对于手持或其他原因导致拍摄内容抖动的素材，可以通过"跟踪器"面板中的"变形稳定器"功能消除因摄像机移动造成的抖动，从而将摇晃的拍摄内容转变为稳定、流畅的拍摄内容，如图 7-32 所示。（"1+X"中级——掌握"变形稳定器"的使用方法和技巧。）

　　选择需要稳定跟踪的视频或图片序列图层，在"跟踪器"面板中单击"变形稳定器"按钮，此时该图层会添加一个"变形稳定器"效果，并于后台进行分析与稳定，如图 7-33 所示，其分析过程如图 7-34 所示，稳定过程如图 7-35 所示。

图 7-32　　　　　　　　　　　　　　图 7-33

图 7-34

图 7-35

如果素材中存在运动元素，则可能会影响稳定效果。可在稳定过程结束后，展开"高级"，勾选"显示跟踪点"选项，如图 7-36 所示，此时合成视图中的稳定效果会切换为显示轨迹点模式，在合成视图中按住鼠标左键并拖动，对不需要参与解析的轨迹点进行套索选择并使用快捷键"Delete"将它们删除，如图 7-37 所示。

图 7-36   图 7-37

将不需要参与解析的轨迹点删除后，效果会根据现有轨迹点自动进行重新解析。勾选"跨时间自动删除点"选项，可使手动删除的轨迹点在其他时间上不再出现，该选项默认处于勾选状态。

2．去除抖动的注意事项

使用稳定跟踪虽然可以将摇晃的拍摄内容转变为稳定、流畅的拍摄内容，但为了避免素材边缘在合成视图中出现，效果会自动对素材进行放大处理（自动缩放的相关设置位于"边界 > 自动缩放"中），这对视频画质有较大的影响。将"取景"由默认的"稳定、裁剪、自动缩放"修改为"仅稳定"后，如图 7-38 所示，就可以看到素材边缘。

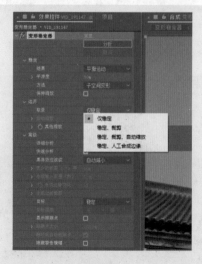

图 7-38

7.2.3 摄像机反求

摄像机反求又叫作 3D 摄像机跟踪，用于对动态素材（如视频、图片序列等）进行逆向分析，从而提取 3D 场景数据以及摄像机运动数据。与稳定跟踪类似，摄像机反求使用后台进程进行分析与解析，如图 7-39 和图 7-40 所示。（"1+X"中级——掌握"摄像机跟踪"的使用方法和技巧。）

图 7-39   图 7-40

摄像机反求解析完成后，在合成视图中可以看到许多轨迹点。与稳定跟踪类似，如果有不需要跟踪的轨迹点，则可在合成视图中按住鼠标左键并拖动，套索选择这些轨迹点并删除。当鼠标指针移动到轨迹点附近或套索选择多个轨迹点时，会出现类似靶盘形状的"圆心目标"，并显示与"圆心目标"相关联的轨迹点定义的平面，可通过观察"圆心目标"的状态选择合适的轨迹点。单击鼠标右键并执行"设置地平面和原点"命令，如图 7-41 所示，将该平面定义为三维坐标系的地平面和原点。

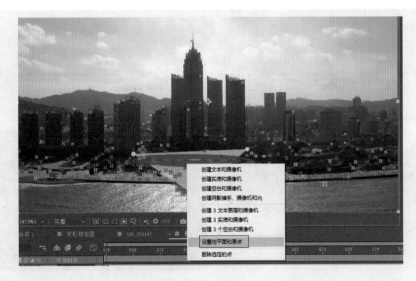

图 7-41

可以使用轨迹点新建图层。选择单个轨迹点，单击鼠标右键并执行"创建文本和摄像机""创建实底和摄像机""创建空白和摄像机""创建阴影捕手、摄像机和光"命令；也可套索选择多个轨迹点，单击鼠标右键并执行"创建3文本图层和摄像机""创建3实底和摄像机""创建3个空白和摄像机"命令，执行"创建文本和摄像机"命令后，可修改创建的文本内容，该文本与对应轨迹点的三维坐标位置相同，如图7-42所示。

图7-42

结合摄像机反求的方式，不仅可以替换素材中具有空间关系的内容，也可以制作出许多实拍素材与特效相结合的影片，如图7-43所示。

图7-43

项目实施——制作古墓场景抠像合成以及更换天空

任务 1　制作古墓场景抠像合成

　　任务目标： 学习使用 "Keylight" 效果完成抠像合成的制作。

　　知识要点： 使用 "Keylight" 效果完成绿幕抠像，使用 "Key Cleaner" 效果调整抠像细节，使用 "Advanced Spill Suppressor" 效果去除抠像效果的前景溢出主色，使用 "曲线" "色阶" "三色调" 效果完成调色，效果如图 7-44 所示。（本任务涉及 "1+X" 初级、中级—— "Keylight" 效果的知识点以及 "曲线" "色阶" "三色调" 效果的知识点，"1+X" 中级—— "Key Cleaner" 和 "Advanced Spill Suppressor" 效果的知识点。）

扫码观看视频

141

图 7-44

　　素材文件： 本任务所需的素材文件位于 "项目 7\ 任务 1　制作古墓场景抠像合成 \ 素材" 文件夹中，其中包含 "xmcc02-19-003.png" 图像文件以及 "xxss-05-14-006.mov" 视频文件。

　　（1）按住 "Alt" 键单击 "项目" 面板下方的 "色彩深度设置" 按钮 8 bpc ，直至色彩深度变为 "32 bpc"。在抠像合成工作中，使用该色彩深度可以最大化地对颜色进行控制。双击 "项目" 面板的空白区域，弹出 "导入文件" 对话框，将所需素材导入 "项目" 面板中，使用组合键 "Ctrl+S" 保存项目，将项目命名为 "古墓场景抠像合成"，然后选择保存位置对该项目进行保存。再将 "xxss-05-14-006. mov" 文件拖到 "项目" 面板下方的 "新建合成" 按钮 上，新建一个与该文件设置相匹配的合成，并将该合成重命名为 "古墓场景抠像合成"。用鼠标右键单击 "xxss-05-14-006" 图层，执行 "效果 >Keying> Keylight(1.2)" 命令，在该图层上添加 "Keylight" 效果，选择 "Screen Colour" 右侧的 "吸管工具" ，如图 7-45 所示，在 "合成" 面板中单击画面的绿色区域，如图 7-46 所示，完成初步的抠像工作，如图 7-47 所示。（"1+X" 中级—— "Keylight" 效果的使用方法和技巧。）

图 7-45

图 7-46

图 7-47

（2）将"View"切换到"Screen Matte"（屏幕遮罩）模式，观察黑白通道的信息，适当调整"Screen Gain"（屏幕增益）属性数值，减少主色对前景与背景的影响，并适当调整"Screen Balance"（屏幕平衡）属性数值，改变颜色范围的偏向，从而改善抠像效果，如图 7-48 和图 7-49 所示。（"1+X"中级——通过调整"Keylight"效果的属性，改善抠像效果。）

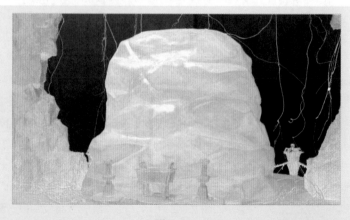

图 7-48

图 7-49

142

（3）展开 "Screen Matte"，调整 "Clip Black"（黑色修剪）属性数值，使背景的灰黑色区域被修剪为纯黑色，即使背景的半透明区域被修剪为透明区域。调整 "Clip White"（白色修剪）属性数值，使前景的灰白色区域被修剪为纯白色，即使前景的半透明区域被修剪为不透明区域。将 "View" 切换到 "Intermediate Result"（中间结果）模式，调整 "Screen Pre-blur"（屏幕预模糊）属性数值，使被抠除区域中的噪点产生轻微的模糊效果，如图 7-50 和图 7-51 所示。

图 7-50　　　　　　　　　　　　　　　　图 7-51

（4）调整 "Clip Rollback"（修剪回退）属性数值，减少前景的边缘区域；调整 "Screen Softness"（屏幕柔化）属性数值，柔化透明及半透明区域，如图 7-52 和图 7-53 所示。

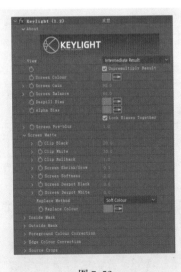

图 7-52　　　　　　　　　　　　　　　　图 7-53

（5）将 "xmcc02-19-003.png" 素材拖曳至 "xxss-05-14-006.mov" 图层下方作为新的背景图层，并在 "xmcc02-19-003.png" 图层上单击鼠标右键，执行 "效果 > 模糊和锐化 > 摄像机镜头模糊" 命令，为该图层添加模糊效果，调整 "模糊半径" 属性数值，增强背景的模糊效果，如图 7-54 和图 7-55 所示。（"1+X" 中级——掌握 "摄像机镜头模糊" 效果的使用方法和技巧。）

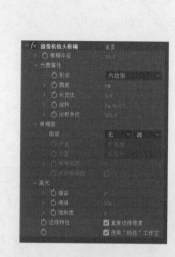

图 7-54   图 7-55

144

（6）在"xxss-05-14-006.mov"图层上单击鼠标右键，执行"效果 > 抠像 >Advanced Spill Suppressor"命令，将"方法"设置为"极致"，通过该效果去除画面的溢出绿色，如图 7-56 和图 7-57 所示。（"1+X"中级——掌握"Advanced Spill Suppressor"效果的使用方法和技巧。）

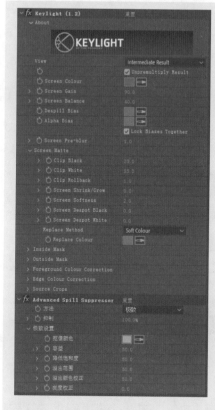

图 7-56   图 7-57

（7）此时需要调色使画面颜色符合古墓昏暗的效果。新建一个"调整图层"，在其上单击鼠标右键，执行"效果 > 颜色校正 > 三色调"命令，调整"中间调"的颜色，修改"与原始图像混合"属性的数值，使画面整体偏冷色调，如图 7-58 和图 7-59 所示。（"1+X"中级——掌握"三色调"效果的使用方法和技巧。）

图 7-58　　　　　　　　　　　　　　　　　图 7-59

（8）在"xxss-05-14-006.mov"图层上单击鼠标右键，执行"效果 > 颜色校正 > 曲线"命令，调整曲线使画面变暗以符合古墓昏暗的效果，如图 7-60 和图 7-61 所示。（"1+X"初级、中级——掌握"曲线"效果的使用方法和技巧。）

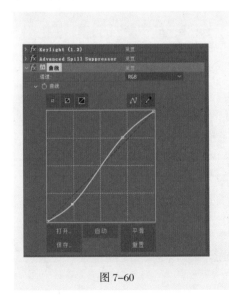

图 7-60　　　　　　　　　　　　　　　　　图 7-61

（9）接下来调整前景颜色的细节。在"xxss-05-14-006.mov"图层上单击鼠标右键，执行"效果 > 颜色校正 > 色阶"命令。切换到"红色"通道；调整"红色输入白色"属性的数值，使画面主体颜色更加饱满；调整"红色输入黑色"属性的数值，使暗部的红色减弱，如图 7-62 和图 7-63 所示。（"1+X"中级——掌握"色阶"效果的使用方法和技巧。）

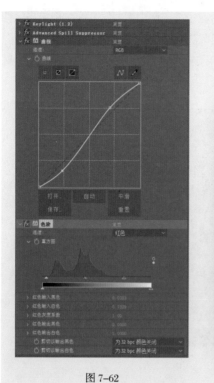

图 7-62   图 7-63

（10）在"调整图层"上单击鼠标右键，执行"效果 > 颜色校正 > 曲线"命令，调整曲线使前景与背景整体变亮，如图 7-64 和图 7-65 所示。

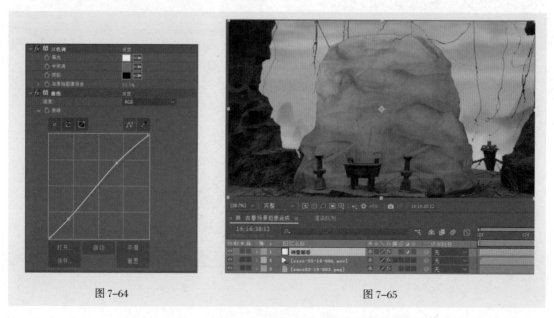

图 7-64   图 7-65

（11）调整合成细节，改善前景与背景的融合效果。新建一个纯色图层并命名为"光晕"，在其上单击鼠标右键，执行"效果 > 生成 > 镜头光晕"命令，将"镜头类型"切换为"105 毫米定焦"，将"光晕中心"调整到画面中的合适位置，然后将"光晕"图层的混合模式切换为"相加"，如图 7-66 和图 7-67 所示。

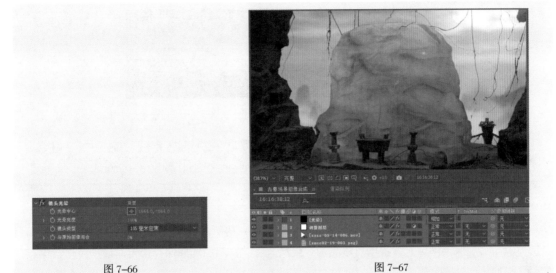

图 7-66   图 7-67

（12）此时古墓场景抠像合成制作完成。如果在预览过程中发现抠像合成有深色或浅色边缘，则可在"xxss-05-14-006.mov"图层上单击鼠标右键，执行"效果 > 抠像 > Key Cleaner"命令并开启"减少震颤"开关，去除边缘处的半透明噪点，如图 7-68 所示。通过该效果恢复抠像边缘的细节，最终效果如图 7-69 所示。（"1+X"中级——掌握"Key Cleaner"效果的使用方法和技巧。）

图 7-68   图 7-69

任务 2　更换天空

任务目标： 学习使用一点跟踪方式完成跟踪及合成的制作。

知识要点： 使用"色阶""曲线""色相/饱和度"效果对素材进行调色，使用"预合成"命令为素材新建预合成，使用"跟踪运动"功能对素材进行跟踪，使用空对象图层作为运动跟踪分析结果指定的图层，使用"父级关联器"按钮 ◉ 将天空图层链接到空对象图层上，使用蒙版工具为天空图层制作蒙版，使用"摄像机镜头模糊"效果为天空图层添加镜头模糊效果，效果如图 7-70 所示。（本任务涉及"1+X"初级、中级——"一点跟踪"的知识点以及"蒙版"的知识点，"1+X"初级——"父级关联器"的知识点，"1+X"中级——"色相/饱和度"效果的知识点。）

扫码观看视频

图 7-70

素材文件： 本任务所需的素材文件位于"项目 7\ 任务 2　更换天空 \ 素材"文件夹中，其中包含 "DJI_0777.mov"视频文件以及"mail-boxes-on-the-way-to-grand-canyon-picjumbo-com.jpg" 图像文件。

（1）双击"项目"面板，弹出"导入文件"对话框，将所需素材导入"项目"面板中。使用组合键"Ctrl+S"保存项目，并将项目命名为"更换天空"，然后选择保存位置对该项目进行保存，如图 7-71 所示。

图 7-71

（2）将"DJI_0777.mov"文件拖到"新建合成"按钮 上，新建一个与该素材设置相匹配的合成，将该合成重新命名为"更换天空"，如图 7-72 所示。

图 7-72

（3）用鼠标右键单击"DJI_0777.mov"图层，执行"效果 > 颜色校正 > 色阶"命令与"效果 > 颜色校正 > 曲线"命令，为该图层添加"色阶"和"曲线"效果，调整"色阶"效果的直方图，并通过"曲线"效果中的"通道"属性对各通道曲线进行调整，如图 7-73 和图 7-74 所示。

图 7-73

图 7-74

149

（4）用鼠标右键单击"DJI_0777.mov"图层，执行"效果 > 颜色校正 > 色相 / 饱和度"命令，调整"主饱和度"属性的数值，提高画面的饱和度，如图 7-75 和图 7-76 所示。（"1+X"中级——掌握"色相 / 饱和度"效果的使用方法和技巧。）

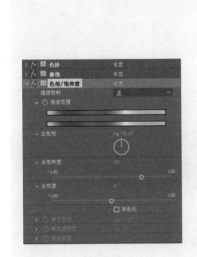

图 7-75

图 7-76

（5）选择"DJI_0777.mov"图层，使用组合键"Ctrl+Shift+C"打开"预合成"对话框，在其中选择"将所有属性移动到新合成"单选项，单击"确定"按钮新建预合成，如图7-77所示。

（6）预览整段视频，找到合适的跟踪方式及跟踪对象后，将时间指示器移动到0秒处。在菜单栏中执行"窗口 > 跟踪器"命令，激活"跟踪器"面板，在"DJI_0777.mov 合成1"图层被选择的情况下单击"跟踪运动"按钮，将跟踪点调整到图7-78所示的位置。（"1+X"中级——掌握"一点跟踪"的使用方法和技巧。）

图 7-77   图 7-78

（7）单击"跟踪器"面板中的"向前分析"按钮▶开始进行运动跟踪分析，如果在运动跟踪分析过程中出现某一帧跟踪失败的情况，则需要手动校正该帧的分析结果，或调整跟踪点并重新分析，如图7-79所示。

图 7-79

（8）运动跟踪分析完成后，用鼠标右键单击"时间轴"面板左侧的空白区域，执行"新建 > 空对象"命令，新建一个空对象图层。然后选择"DJI_0777.mov 合成1"图层，单击"跟踪器"面板中的"编辑目标"按钮,弹出"运动目标"对话框,将"图层"设置为"空1"图层,单击"确定"按钮,再单击"跟踪器"面板中的"应用"按钮,确认弹出的"动态跟踪器应用选项"对话框中的"应用维度"为"X和Y"后单击"确定"按钮,此时运动跟踪分析结果已指定到"空1"图层,如图7-80所示。

图 7-80

（9）将"mail-boxes-on-the-way-to-grand-canyon-picjumbo-com.jpg"天空图片放置在合成的最上层,调整该图层的"位置"及"缩放"属性,并使用"父级关联器"按钮 ⊙ 将其链接到"空1"图层上,使用蒙版工具去掉不需要显示的内容,并调整羽化值。需要注意蒙版的长度应大于图层的长度,如图7-81和图7-82所示。（"1+X"初级、中级——掌握"父级关联器"和"蒙版"的使用方法和技巧。）

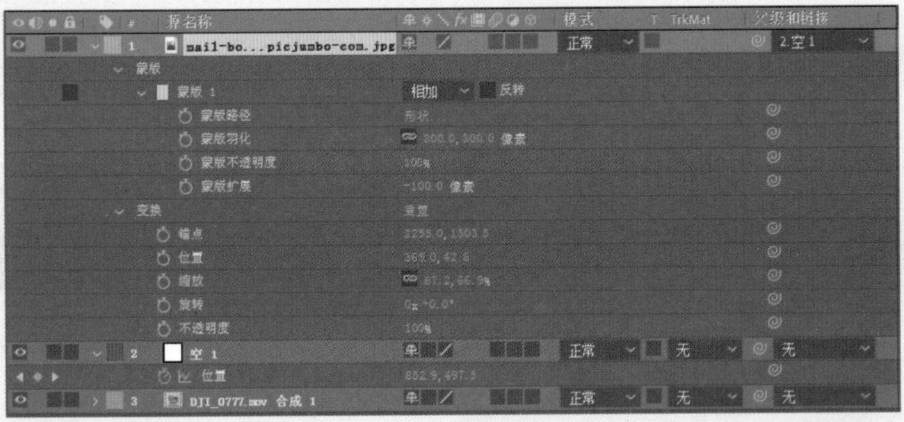

图 7-81

图 7-82

（10）用鼠标右键单击天空图层，执行"效果 > 模糊和锐化 > 摄像机镜头模糊"命令，为该图层添加"摄像机镜头模糊"效果，如图 7-83 和图 7-84 所示。

图 7-83   图 7-84

（11）使用小键盘中的"0"键预览并检查最终效果，如图 7-85 所示。

图 7-85

（12）将完成的效果输出为视频，如图 7-86 所示。

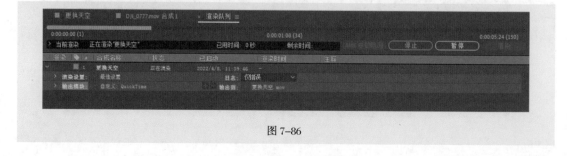

图 7-86

项目小结

通过本项目的学习，读者可以熟练掌握 After Effects 中内置的抠像和跟踪效果，掌握抠像及背景合成的方法与技巧，以及对一点及多点跟踪、画面稳定跟踪、摄像机反求有一个大体的了解。

项目扩展——更换电脑屏幕

知识要点： 使用"透视边角定位"效果跟踪电脑屏幕，使用"Keylight""Key Cleaner""Advanced Spill Suppressor"效果抠除屏幕，使用"蒙版"功能制作屏幕反光区域，使用"摄像机镜头模糊"效果制作摄像机镜头模糊效果，效果如图 7-87 所示。（本任务涉及"1+X"初级、中级——"Keylight""Key Cleaner""Advanced Spill Suppressor"效果的知识点，用蒙版制作的高光以及用"摄像机镜头模糊"效果制作的景深效果都要符合实际。）

素材文件： 本任务所需的素材文件位于"项目 7\ 项目扩展——更换电脑屏幕 \ 素材"文件夹中，其中包含"49uhd.mov"和"录屏 .mov"视频文件。

153

案例目标：

（1）导入素材到"项目"面板中，将背景素材拖曳至"新建合成"按钮
🖼上；

扫码观看视频

（2）使用"透视边角定位"效果跟踪电脑屏幕；

（3）使用"Keylight""Key Cleaner""Advanced Spill Suppressor"效果抠除屏幕；

（4）使用"蒙版"功能制作屏幕反光区域；

（5）使用"摄像机镜头模糊"效果制作摄像机镜头模糊效果。

图 7-87

08 ——————————————————— 项目 8

认识效果控件——
影视后期特效制作核心工具

情景引入

　　影音娱乐已经成为我们日常生活中不可缺少的一部分，你在观看电影、电视剧、各类综艺、广告以及短视频的时候，有没有好奇过各种创意、绝美的画面都是怎么实现并制作出来的呢。当你拍了一张静谧的湖面照片，如何把它变成波光粼粼的感觉呢？通过学习本项目的知识，掌握各类效果的基础知识，以及不同效果的组合应用技巧后，你就可以制作出绚丽的视频效果。

　　After Effects 效果控件自带的效果可以制作光效、烟雾、火灾、爆炸等特殊效果，而且每个效果都有不同的特点。组合和综合运用不同的效果，可以实现各种超现实的效果，效果控件是 After Effects 在影视后期特效制作中的核心工具。

　　本项目对 After Effects 的效果知识进行讲解。通过本项目的学习，读者可以掌握 After Effects 的常用效果的使用方法，学会利用效果调色以及制作特效动画等，以便在制作项目的过程中，应用相应的知识点完成特效动画制作任务。

学习目标

知识目标

- 了解效果的分类；
- 掌握不同效果的特点及区别；
- 掌握各效果集合的效果的属性和基本操作。

技能目标

- 学会常用效果的组合应用方法。（"1+X" 初级、中级。）
- 学会使用不同效果制作特效动画。（"1+X" 初级、中级。）
- 学会使用效果集合中的特效预设。（"1+X" 初级、中级。）

素养目标

- 培养读者对画面美感和动画节奏的把控能力；
- 培养读者对世界的感知能力和观察能力，提升读者的创新能力。

扫码观看思维导图

扫码观看视频

相关知识

8.1 效果和预设

在 After Effects 中，效果又被称为特效，是用于实现特殊效果的重要工具，使用这些效果可以为图层添加扭曲、生成、模糊等特殊效果。通过丰富且强大的预设可以轻松实现许多理想的效果。

8.1.1 效果集合

After Effects 包含非常丰富的效果，这些效果按照其主要作用分为多个效果集合，如图 8-1 所示。

图 8-1

（1）3D 通道：对三维软件输出的含有 Z 通道、材质 ID 等信息的图层进行景深、雾效和材质 ID 提取等处理的效果集合。

（2）CINEMA 4D：结合 CINEMA 4D 三维软件和文件进行调整的效果集合。

（3）表达式控制：通过表达式链接调整其他图层的属性，自身不会对图层产生直接作用的效果集合。

（4）沉浸式视频：对 VR/360° 全景视频进行无缝编辑处理的效果集合。

（5）风格化：为图层添加发光、浮雕、纹理化等效果的效果集合。（"1+X"初级、中级。）

（6）过渡：制作转场效果的效果集合。

（7）过时：被新版本中的效果替代了的旧版本中的效果的效果集合。

（8）抠像：进行键控抠像的效果集合。（"1+X"中级。）

（9）模糊和锐化：对图层内容进行模糊与锐化设置的效果集合。（"1+X"初级、中级。）

（10）模拟：用来模拟雨、雪、粒子、气泡等效果的效果集合。

（11）扭曲：对图层进行变形处理的效果集合。（"1+X"初级、中级。）

（12）生成：创建闪电、描边、网格等特殊效果的效果集合。（"1+X"初级、中级。）

（13）时间：为图层添加残影、招贴画、时间置换等效果的效果集合。

（14）实用工具：包含与 HDR、LUT 等相关的实用工具。

（15）通道：对色彩及 Alpha 通道等进行处理的效果集合。

（16）透视：用于模拟三维透视效果的效果集合。

（17）文本：创建时间码、路径文字等的效果集合。

（18）颜色校正：调整图层画面颜色的效果集合。（"1+X"初级、中级。）

（19）音频：处理音频的效果集合。

（20）杂色和颗粒：为图层添加杂色及颗粒效果的效果集合。（"1+X"初级、中级。）

（21）遮罩：使用遮罩方式进行抠像的效果集合。（"1+X"初级、中级。）

添加效果有多种方法。例如可以用鼠标右键单击需要添加效果的图层，调出"效果"子菜单，选择需要的效果；也可以在"效果"菜单中选择所需的效果；还可以在"窗口"菜单中调出"效果和预设"面板，从中选择所需的效果，如图 8-2 所示。

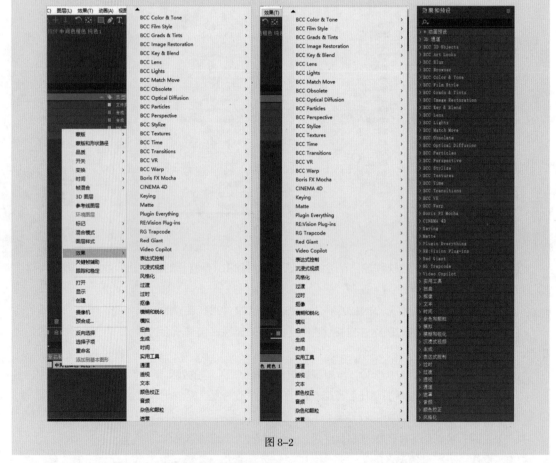

图 8-2

此外，After Effects 还有很多第三方增效工具，安装后会与效果在同一个地方显示，如图 8-2 中的"Red Giant""Video Copilot"等。

8.1.2　预设

添加效果之后，就可以对该效果的属性进行调节，例如在图层上添加"曲线"效果后，就可在"效果控件"面板中调节相应的属性，如图 8-3 所示。（"1+X"初级——了解"曲线"效果的类型和属性构成。）

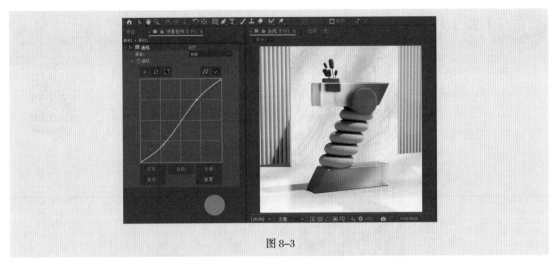

图 8-3

除内置效果外，还可以添加内置效果预设，这类预设有时会包含多个效果。通过多个效果的叠加作用，可以实现更为复杂的效果，如图 8-4 所示。

图 8-4

在菜单栏中执行"动画 > 浏览预设"命令，即可打开 Bridge 并进入动画预设窗口，如图 8-5 所示。需要注意的是应确保所使用的 Bridge 的版本与所使用的 After Effects 的版本一致。

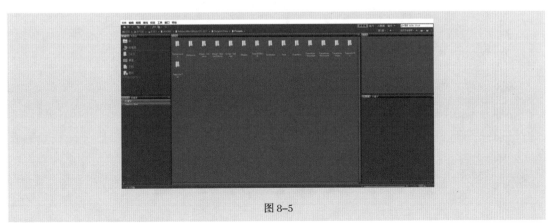

图 8-5

8.2 常用效果

After Effects 的许多效果在项目制作过程中经常被使用，掌握这些常用效果的使用方法是熟练运用 After Effects 的必要条件。下面介绍常用的效果。

扫码观看视频

（1）块溶解：可以通过随机产生的板块（或条纹）来溶解图像，还可以通过两个图层的重叠部分进行转场，如图 8-6 所示。

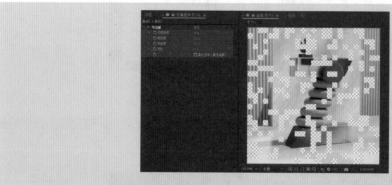

图 8-6

（2）线性擦除：以线性的方式从某个方向形成擦除效果，如图 8-7 所示。

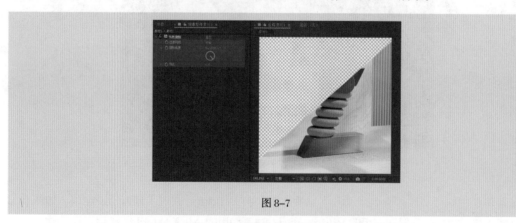

图 8-7

（3）百叶窗：通过平均分割的方式对图像进行擦除转场，如图 8-8 所示。

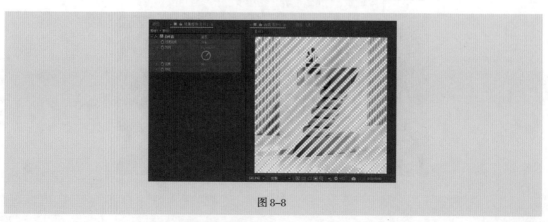

图 8-8

（4）高斯模糊：可以用来柔化或模糊图像，也可以用于去除画面中的杂点，如图 8-9 所示。（"1+X"初级——了解模糊效果的作用和属性构成。）

图 8-9

（5）摄像机镜头模糊：模拟不在摄像机聚焦平面内的物体的模糊效果（景深效果），其模糊效果取决于"光圈属性"和"模糊图"的设置，如图 8-10 所示。（"1+X"初级——了解模糊效果的作用和属性构成。）

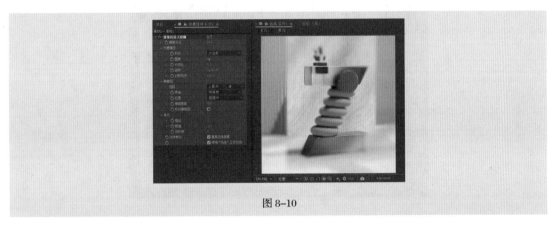

图 8-10

（6）径向模糊：围绕自定义的中心点产生模糊效果，通常用来模拟镜头的推拉和旋转效果，如图 8-11 所示。在图层高质量开关打开的情况下，可以设置"消除锯齿（最佳品质）"属性来实现抗锯齿效果，但在草图质量下没有抗锯齿作用。（"1+X"初级——了解模糊效果的作用和属性构成。）

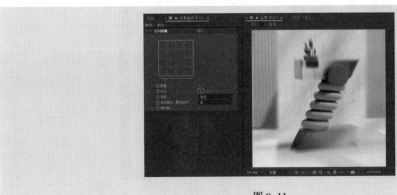

图 8-11

（7）梯度渐变：可以用来创建以指定形状进行渐变过渡的效果，如图 8-12 所示。

图 8-12

（8）分形杂色：可创建用于自然景观背景、置换图和纹理的灰度杂色，或模拟云、火、熔岩、蒸汽、流水等效果，如图 8-13 所示。

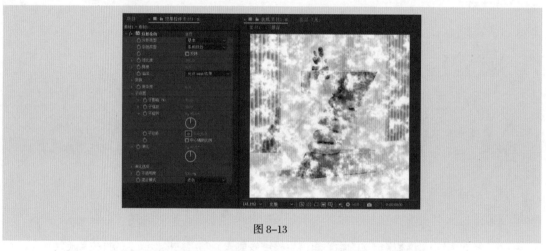

图 8-13

（9）四色渐变：可以模拟霓虹灯、流光等迷幻效果，如图 8-14 所示。

图 8-14

160

（10）发光：使图像、文字或带有 Alpha 通道的图层等产生发光的效果，如图 8-15 所示。（"1+X"中级——了解"风格化"效果的类型和属性构成。）

图 8-15

（11）斜面 Alpha：通过 Alpha 通道使图像产生"假三维"的倒角效果，如图 8-16 所示。

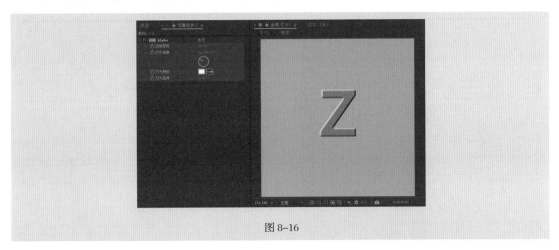

图 8-16

（12）投影：使图像产生阴影（由图像的 Alpha 通道决定），如图 8-17 所示。（"1+X"初级——了解"投影"效果的作用和属性构成。）

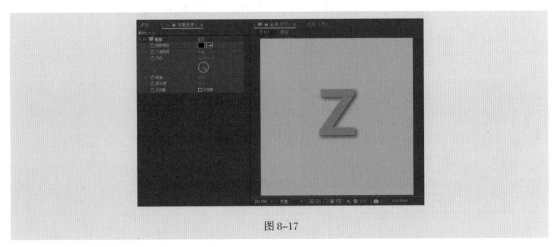

图 8-17

（13）CC Page Turn（翻页）：模拟书页翻页的效果，如图 8-18 所示。

图 8-18

162

（14）边角定位：通过移动图层的四角而产生形变，常用于替换具有透视角度的屏幕，如图 8-19 所示。（"1+X"中级——了解"跟踪反求"的方法和属性构成。）

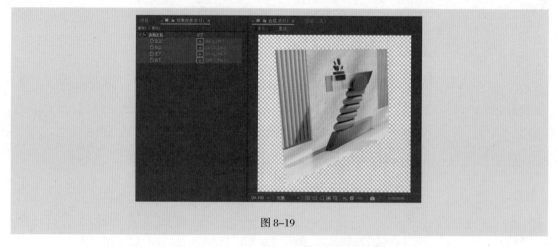

图 8-19

（15）CC Snowfall（下雪）/CC Rainfall（下雨）：用于模拟下雪或下雨效果，如图 8-20 所示。

图 8-20

图 8-20（续）

（16）置换图：常用于制作一些特殊效果，如水面波动等，使用时需要先设置置换图（用于产生置换效果），如图 8-21 所示。

图 8-21

（17）液化：可以在画面中使用特效笔刷进行绘制，以产生扭曲、膨胀、液化等多种效果，如图 8-22 所示。

图 8-22

（18）变形：该效果提供了一个可以改变属性的网格，调整网格中点的位置及四向手柄，可改变图像的形状，如图 8-23 所示。

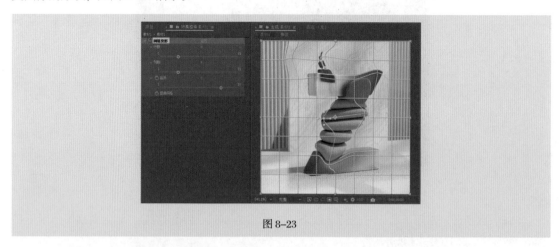

图 8-23

（19）镜像：使图像产生镜像效果，如图 8-24 所示。

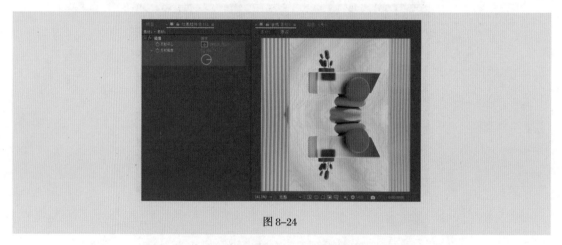

图 8-24

（20）湍流置换：实现画面随机扭曲变化的效果，如图 8-25 所示。

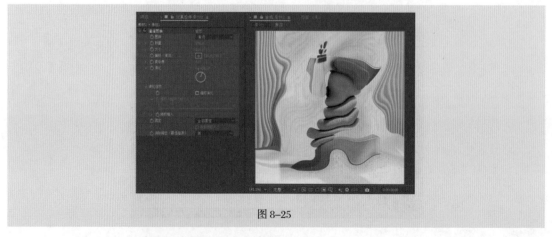

图 8-25

（21）镜头光晕：用于产生模拟镜头光晕的效果，如图 8-26 所示。（"1+X"中级——了解"生成"效果的类型和属性构成。）

图 8-26

（22）无线电波：用于产生圈状辐射运动的图形效果，通常用于重点提示位置信息，如图 8-27 所示。

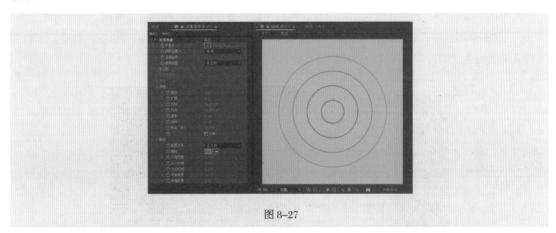

图 8-27

此外，"CC Radial Fast Blur（快速放射模糊）""曲线""色调""三色调""CC Lens（透镜）""光束""填充""网格""描边""勾画"等效果在项目制作过程中也会被经常使用。（"1+X"中级——了解"颜色校正"效果的类型和属性构成。）

8.3　表达式的运用

在 After Effects 中，表达式是一种比较高级的制作动画和效果的控件，使用该控件可以在图层的属性上添加不同的表达式，从而使图层产生抖动、随机、循环等特殊效果。合理运用表达式可以提高工作效率，改进工作流程。

8.3.1　表达式介绍

After Effects 中的表达式是其内部基于 JavaScript 开发的代码，通过简洁的代码，能够代替复杂的关键帧动画，并自动生成属性动画。表达式只可添加在可编辑的关键帧属性上，不可添加在其他地方，如图 8-28 所示。

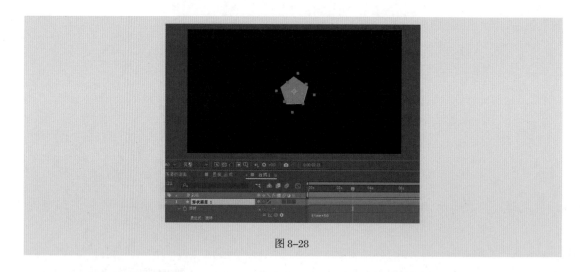

图 8-28

8.3.2　表达式的添加

After Effects 中的表达式只可添加在可编辑的关键帧属性上，常用的添加方式有以下两种。

（1）单击图层中需要添加表达式的属性，在菜单栏中执行"动画 > 添加表达式"命令，该属性右侧会激活表达式编辑框，在其中添加表达式代码即可，如图 8-29 所示。

图 8-29

（2）按住"Alt"键单击"码表"按钮，可在该属性右侧快速激活表达式编辑框，在其中添加表达式代码，如图 8-30 所示。

图 8-30

8.3.3 常用表达式

1. 时间表达式：time×n

解析：time 表示时间，以秒为单位，time×n = 时间（秒数）×n，如图 8-31 所示。

2. 抖动表达式：wiggle (freq, amp, octaves=1, amp_mult=0.5, t=time)

解析：freq 表示频率，用于设置每秒抖动的频率；amp 表示振幅，用于设置每次抖动的幅度；octaves 表示振幅幅度，默认数值为 1；amp_mult 表示频率倍频，数值越接近 0，细节越少，越接近 1，细节越多；t 表示持续时间，抖动时间为合成时间，如图 8-32 所示。"频率"和"振幅"2 个属性是必不可少的，其他属性可根据需求填加。

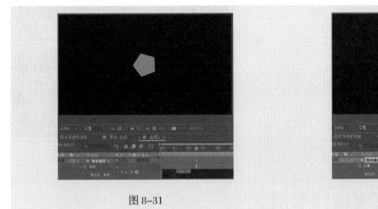

图 8-31

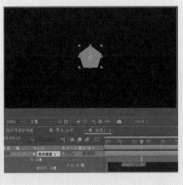

图 8-32

3. 随机表达式：random (x, y)

解析：random(x, y) 表示在数值 x 到 y 之间随机进行抽取，最小值为 x，最大值为 y，如图 8-33 所示。

4. 循环表达式：loopOut (type=" 类型 ", numkeyframes=0)

解析：loopOut(type=" 类型 ",numkeyframes=0) 用于对一组动作进行循环。loopOut(type="pingpong",numkeyframes=0) 表示像乒乓球一样来回循环，loopOut(type="cycle",numkeyframes=0) 表示周而复始的循环，loopOut(type="continue") 表示延续属性变化最后一帧的方向速度，loopOut(type="offset",numkeyframes=0) 表示重复指定时间段内的运动并进行循环。numkeyframes 表示循环的次数，0 为无限循环，1 是最后两个关键帧无限循环，2 是最后 3 个关键帧无限循环，以此类推，如图 8-34 所示。

图 8-33

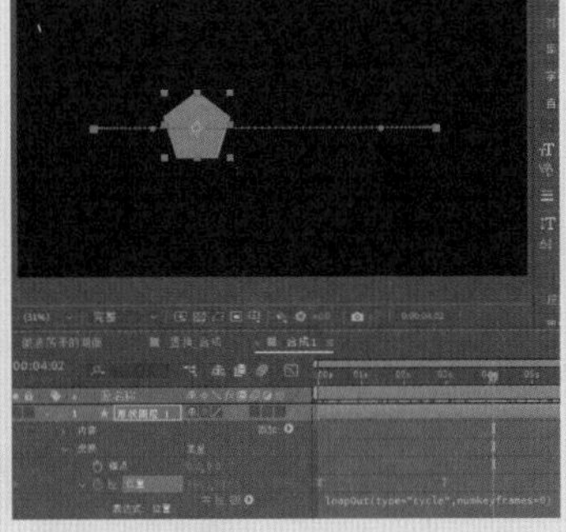

图 8-34

5. 弹性表达式

```
n = 0;
if (numKeys > 0){
n = nearestKey(time).index;
if (key(n).time > time){n--;}}
if (n == 0){t = 0;}else{
t = time- key(n).time;}
if (n > 0){
v = velocityAtTime(key(n).time- thisComp.
frameDuration/10);
amp = .03;
freq = 2.5;
decay = 4.0;
value + v*amp*Math.sin(freq*t*2*Math.
PI)/Math.exp(decay*t);
}else{value;}
```

解析：amp 表示振幅，freq 表示频率，decay 表示衰减，复制粘贴表达式即可使用，如图 8-35 所示。

图 8-35

📌 项目实施——真实项目实战

任务 1　制作微波荡漾的湖面

> **任务目标：** 学习使用"置换图"等效果完成微波荡漾的湖面的制作。
>
> **知识要点：** 掌握"置换图""湍流杂色"效果、三维图层、蒙版及遮罩的综合运用，并制作动画，效果如图 8-36 所示。（本任务涉及"1+X"初级——"图层属性"的知识点以及"遮罩蒙版"的知识点，"1+X"初级——"关键帧动画"的知识点，"1+X"初级——"效果"的知识点，"1+X"中级——"三维图层"的知识点。）
>
> **素材文件：** 本任务所需的素材文件位于"项目 8\ 任务 1　制作微波荡漾的湖面\ 素材"文件夹中。

扫码观看视频

图 8-36

168

（1）选择"项目 8\ 项目实施 \ 任务 1\ 素材"文件夹中的"湖面 .jpg"文件，将其导入"项目"面板中。新建一个分辨率为 1920px×1080px、帧速率为 25 帧 / 秒、时长为 5 秒、名称为"微波荡漾的湖面"的合成。新建一个与前一合成设置相同的合成并命名为"置换 _ 合成"，将"置换 _ 合成"合成拖曳至"微波荡漾的湖面"合成的"时间轴"面板中。双击"置换 _ 合成"合成，切换到该合成的"时间轴"面板，再将"湖面 .jpg"素材拖曳至"置换 _ 合成"合成中。创建一个新的纯色图层并命名为"噪波"，并在该纯色图层上单击鼠标右键，执行"效果 > 杂色和颗粒 > 湍流杂色"命令，调整"湍流杂色"效果的属性并制作"变换 > 偏移（湍流）"属性的关键帧动画和"演化"属性的时间表达式动画，模拟水波动画的黑白通道，如图 8-37 所示。

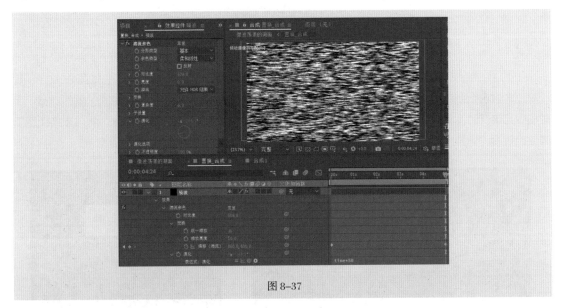

图 8-37

（2）将"噪波"图层的"3D 图层"开关开启，调整"变换"中的属性，使该图层产生与湖面大致匹配的空间感，如图 8-38 所示。

图 8-38

（3）调整"湖面 .jpg"与"噪波"图层的排列顺序，并为"湖面 .jpg"图层添加蒙版，如图 8-39 所示。

图 8-39

（4）将"噪波"图层的"轨道遮罩"设置为"Alpha 反转遮罩'[湖面 .jpg]'"，如图 8-40 所示。

（5）切换至"微波荡漾的湖面"合成的"时间轴"面板，将"项目"面板中的"湖面 .jpg"素材拖曳至该"时间轴"面板中，单击鼠标右键并执行"效果 > 扭曲 > 置换图"命令，将"置换图层"属性设置为"置换 _ 合成"合成图层，如图 8-41 所示。

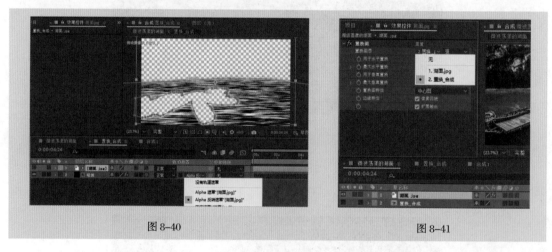

图 8-40　　　　　　　　　　　　　　　　　　　图 8-41

（6）将"用于水平置换"与"用于垂直置换"属性设置为"亮度"，并调节"最大水平置换"与"最大垂直置换"属性的数值，使水波纹效果更为真实，此时微波荡漾的湖面就制作完成了，如图 8-42 所示。

图 8-42

任务 2　制作文字扫光效果

> **任务目标：** 学习使用"梯度渐变""发光"等效果完成文字扫光效果的制作。
>
> **知识要点：** 掌握"梯度渐变""发光"等效果和蒙版等的综合运用，并制作动画，效果如图 8-43 所示。（本任务涉及"1+X"中级——"模糊和锐化"的知识点，"1+X"初级——"关键帧动画"的知识点，"1+X"中级——"生成"效果的知识点，"1+X"初级——"蒙版与遮罩"的知识点。）
>
> **素材文件：** 本任务所需的素材文件位于"项目 8\ 任务 2　制作文字扫光效果 \ 素材"文件夹中。

扫码观看视频

图 8-43

（1）选择"项目 8\ 项目实施 \ 任务 2\ 素材"文件夹中的"背景 .mov"文件，将其导入"项目"面板中。新建一个分辨率为 1920px×1080px、帧速率为 25 帧 / 秒、时长为 4 秒、名称为"文字扫光效果"的合成。新建一个与前一合成设置相同的合成并命名为"文字"，将"文字"合成和"背景 .mov"文件拖曳至"文字扫光效果"合成的"时间轴"面板中。双击"文字"合成，切换到该合成的"时间轴"面板。新建一个文字图层并重命名为"文字扫光效果"，双击激活文字图层并输入文字"文字扫光效果"，在"字符"面板中选择合适的字体和字号，效果如图 8-44 所示。

图 8-44

（2）在文字图层上单击鼠标右键，执行"效果 > 生成 > 梯度渐变"命令，调整"梯度渐变"

效果的"渐变起点"和"渐变终点"属性数值，并调整"起始颜色"和"结束颜色"属性的颜色，使文字产生渐变效果，效果如图 8-45 所示。

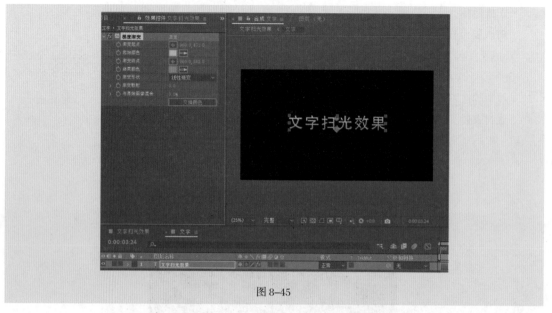

图 8-45

（3）在"文字扫光效果"合成的"时间轴"面板中选择"文字"合成图层，单击鼠标右键并执行"效果 > 过渡 >CC Light Sweep"命令，调整该效果的"Center"属性的数值，并制作"Center"属性从左往右的关键帧动画，初始帧处的属性数值为（220.0,490.0），结束帧处的属性数值为（1700.0,490.0）；继续单击鼠标右键并执行"效果 > 透视 > 投影"命令，调整该效果的"不透明度""方向""距离""柔和度属性"的数值，如图 8-46 所示。

图 8-46

（4）再次将"文字"合成拖曳至"文字扫光效果"合成的"时间轴"面板中，在"文字"合成图层上单击鼠标右键，执行"效果 > 生成 > 填充"命令，调整该效果的"颜色"属性，将其设置为蓝色（#0066FF）；单击鼠标右键，执行"效果 > 模糊和锐化 >CC Radial Fast Blur"命令，调整该效果的"Amount"属性数值为90.0；继续单击鼠标右键，执行 "效果 > 风格化 > 发光"命令，调整该效果的"发光阈值"属性数值为40.0%、"发光半径"属性数值为100.0，"发光强度"为10.0，如图 8-47 所示。

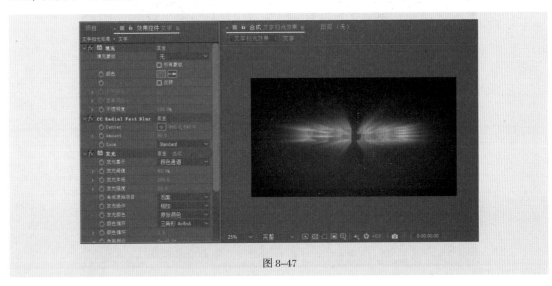

图 8-47

（5）为"文字"合成图层添加蒙版，调整蒙版的"蒙版羽化"属性数值为（260.0，260.0）像素，设置蒙版的形状，并将该合成图层的混合模式改为"相加"，效果如图 8-48 所示。

图 8-48

（6）同时选择两个"文字"合成图层，在它们的"缩放"属性上设置关键帧动画，初始帧处的属性数值为（92.0，92.0）%，结束帧处的属性数值为（100.0，100.0）%，此时文字扫光效果就制作完成了，如图 8-49 所示。

图 8-49

项目小结

　　通过本项目的学习，读者可以了解 After Effects 中效果的分类，了解不同类别的效果的特点和基本属性，掌握效果控件在影视后期特效中的运用和软件的基本操作。

　　通过对 After Effects 中的效果进行深入学习和综合运用，读者可以不断提升自己在影视后期行业中的创新能力和对软件的应用能力。

　　在学习本项目后，读者需要熟练掌握 After Effects 中效果的属性和基本操作，不同效果的组合应用，各种效果的属性动画的制作等基本知识点，并对这些知识点进行融会贯通、灵活运用。

项目扩展——制作质感 LOGO 展示效果

　　知识要点： 掌握"模糊和锐化""投影""曲线"等效果的综合运用，并调节相关属性，制作 LOGO 的玻璃质感和反射效果，并制作摄像机运动动画，效果如图 8-50 所示。

　　素材文件： 本任务所需的素材文件位于"项目 8\ 项目扩展——制作质感 LOGO 展示效果 \ 素材"文件夹中，其中包含"光晕序列 .mov""LOGO.ai""背景 .psd""反射贴图 .jpg""金色粒子 .mov"等图片文件及视频文件。

扫码观看视频

案例目标：

（1）导入素材到"项目"面板中，新建合成并命名为"LOGO"，将"LOGO.ai"图片素材和文字在合成中居中排版；

（2）新建合成并命名为"反射"，在该合成中为"反射贴图.jpg"图片素材制作"位置"属性关键帧动画；

（3）新建合成并命名为"LOGO 合成"，将"LOGO"合成与"反射"合成拖曳到该合成中，为"反射"合成图层添加"湍流置换""CC Class""设置遮罩"效果，制作 LOGO 反光材质；

（4）新建合成并命名为"质感 LOGO 演绎"，将"LOGO 合成"合成与"背景.psd"素材拖曳到该合成中，开启"3D 图层"开关，新建摄像机并制作摄像机运动动画；

（5）将"光晕序列.mov""金色粒子.mov"素材拖曳到"质感 LOGO 演绎"中，使用"色调""色相/饱和度"等效果调整素材颜色；

（6）使用"摄像机镜头模糊""高斯模糊""杂色"等效果制作镜头模糊效果；

（7）使用"色调""曲线""锐化"等效果调整画面颜色，添加画面细节。

图 8-50